Bodenkundliche Gesellschaft der Schweiz
Société Suisse de Pédologie

BODEN – bedrohte Lebensgrundlage?
SOL – bien vital menacé?

Redaktion/ Rédaction: Moritz Müller
Eidg. Forschungsanstalt für landwirtschaftlichen Pflanzenbau (FAP) Zürich-Reckenholz

Traduction française: L.-F. Bonnard, FAP Zürich-Reckenholz

Grafik/ Graphisme: Elsbeth Plüss, FAP Zürich-Reckenholz

Verlag: Sauerländer Aarau · Frankfurt am Main · Salzburg

Diese Broschüre konnte dank der Unterstützung der Eidg. Forschungsanstalt für landwirtschaftlichen Pflanzenbau Zürich-Reckenholz veröffentlicht werden.

La publication de cette brochure a été rendue possible grâce au soutien de la Station fédérale de recherches agronomiques de Zürich-Reckenholz.

Impressum:

Titel:	Boden – bedrohte Lebensgrundlage? Sol – bien vital menacé?
Herausgeber: Editeur:	Bodenkundliche Gesellschaft der Schweiz (BGS) Société Suisse de Pédologie (SSP)
Redaktion/Rédaction:	M. Müller, Eidg. Forschungsanstalt für landwirtschaftlichen Pflanzenbau (FAP) Zürich-Reckenholz
Traduction française:	L.-F. Bonnard, FAP Zürich-Reckenholz
Grafik/Graphisme:	Elsbeth Plüss, FAP Zürich-Reckenholz
Aufn. der Bildteile/ Prises de vues:	P. Scherrer, Eidg. Anstalt für das forstliche Versuchswesen, Birmensdorf (ZH)
Verlag und Hersteller: © 1985	Sauerländer AG, Aarau by Verlag Sauerländer Aarau Switzerland und BGS/SSP
ISBN	3-7941-2778-1
Bestellnummer	08 02778

Geleitwort

Die Sicherstellung der Versorgung mit Grundnahrungsmitteln setzt einen umfassenden Bodenschutz voraus. Wir müssen deshalb im Tal- und Berggebiet eine genügend grosse landwirtschaftliche Nutzfläche erhalten und die Bodenfruchtbarkeit nachhaltig sichern. Der Boden kann uns den gewünschten Ertrag nur bringen, wenn er uns und den Generationen nach uns gesund erhalten bleibt.

Dem Bundesamt für Landwirtschaft des Eidgenössischen Volkswirtschaftsdepartementes sind Forschungsanstalten angegliedert, welche die dazu erforderlichen Grundlagen erforschen und die Erkenntnisse in die Beratung umsetzen. Nötigenfalls hat der Staat ergänzend den Erhalt eines gesunden Bodens zu sichern.

Wir sind der Bodenkundlichen Gesellschaft der Schweiz für ihre kompetente Fach- und Informationstätigkeit dankbar. Möge diese Informationsbroschüre in breiten Kreisen den ihr gebührenden Widerhall finden und dazu beitragen, das Bewusstsein um die Bedeutung des Bodens als Lebensgrundlage weiter zu vertiefen. Den Initianten und allen, die an der Verwirklichung dieses Beitrages mitgearbeitet haben, gratuliere und danke ich.

Dr. Kurt Furgler
Bundespräsident
Vorsteher des Eidg.
Volkswirtschaftsdepartementes

Préface

Une protection générale du sol est nécessaire pour assurer notre ravitaillement en produits alimentaires de base. Aussi nous faut-il, en plaine comme en montagne, maintenir une surface agricole suffisamment étendue et assurer durablement la fertilité du sol, lequel ne peut fournir les récoltes que nous attendons de lui qu'en restant sain, pour nous et les générations futures.

Les stations de recherches, qui sont rattachées à l'Office fédéral de l'agriculture, récoltent les données théoriques nécessaires à ces questions, et en font la base de leurs conseils pratiques. L'Etat, en plus, se doit de garantir au besoin le maintien d'un sol en bonne santé.

Nous savons gré à la Société Suisse de Pédologie de son entreprise d'informer, ce qu'elle fait avec compétence et précision. Nous souhaitons que cette brochure trouve un écho mérité dans de vastes cercles et qu'elle contribue ce faisant à renforcer l'idée que le sol est un bien nécessaire à la vie. Je félicite les initiateurs et tous ceux qui ont participé à l'élaboration de cet ouvrage, et les en remercie.

Dr Kurt Furgler
Président de la Confédération
Chef du Département fédéral de
l'économie publique

Inhaltsverzeichnis, Autoren
Table des matières, auteurs

Vorwort

Die Bodenkundliche Gesellschaft der Schweiz blickt 1985 auf ihr zehnjähriges Bestehen zurück. Aus diesem Anlass ist die Ausstellung «Boden – bedrohte Lebensgrundlage?» entstanden. An den verschiedensten Forschungsstätten in der Schweiz tätige Wissenschaftler unserer Gesellschaft informieren über den Boden, seine Entstehung, seine Nutzung und seine flächenmässige und substantielle Bedrohung. Wir möchten mit der Ausstellung und dieser Veröffentlichung das Verständnis für unseren Boden fördern und über die wichtigsten aktuellen Bodenprobleme orientieren.

Die Bodenkundliche Gesellschaft ist bei der Realisierung der Ausstellung und der zugehörigen Veröffentlichung tatkräftig unterstützt worden. Wir bedanken uns ganz besonders bei Herrn Dr. A. Brönnimann, Direktor der Eidgenössischen Forschungsanstalt für landwirtschaftlichen Pflanzenbau Zürich-Reckenholz, für die grosszügige Unterstützung bei der Verwirklichung der Ausstellung. Herr Dr. Brönnimann hat insbesondere auch für die Finanzierung dieser Veröffentlichung gesorgt und damit das Erscheinen erst ermöglicht. Wir bedanken uns im weiteren bei Herrn Dr. M. Müller, der als Ausstellungskoordinator unserer Gesellschaft eine grosse Arbeitslast getragen und die Ausstellung von der ersten Planung bis zur Fertigstellung dieser Broschüre betreut hat. Ein besonderer Dank gebührt auch Frau E. Plüss für ihren grossen Einsatz bei der grafischen Gestaltung, Herrn Dr. L.-F. Bonnard für die Übersetzung, Herrn J. Geissmann, Lehramtsschule des Kantons Aargau, für die didaktische Beratung, Herrn Prof. Dr. W. Matthey für die sorgfältige Durchsicht der französischen Texte und Herrn P. Scherrer für die Aufnahmen der Bildteile.

Basel, im Juli 1985 — Th. Mosimann
Präsident BGS

Avant-propos

La Société Suisse de Pédologie célèbre ses dix ans d'existence en organisant l'exposition: «Sol – bien vital menacé?». Des scientifiques travaillant dans des domaines de recherche les plus divers y apportent des informations sur le sol, sa formation, son utilisation et signalent les menaces qui pèsent sur lui. Nous aimerions, avec cette exposition et cette brochure, éveiller la compréhension pour nos sols et signaler les problèmes les plus importants qui les concernent aujourd'hui.

Pour la réalisation de son exposition et de la brochure qui en est issue, la Société Suisse de Pédologie a bénéficié de nombreuses aides. Nous tenons à remercier tout particulièrement Monsieur le Directeur A. Brönnimann, de la Station fédérale de recherches agronomiques de Zürich-Reckenholz, dont la compréhension a permis la réalisation de l'exposition et qui a su trouver les moyens financiers permettant la parution de cette brochure. Nos remerciements vont en outre à M. le Dr M. Müller qui, en tant que coordinateur de l'exposition, a eu une grosse surcharge de travail, et qui s'est occupé d'un bout à l'autre de l'exposition et de la brochure. Nous exprimons une gratitude particulière à Mme E. Plüss pour avoir mis sa compétence et son temps au service de la partie graphique, à M. le Dr L.-F. Bonnard pour avoir, avec M. le Prof. W. Matthey, effectué la traduction française, à M. J. Geissmann, «Lehramtsschule» du canton d'Argovie, pour ses conseils didactiques et à M. P. Scherrer pour les prises de vues photographiques.

Bâle, juillet 1985 — *Th. Mosimann*
Président SSP

Einleitung

Unter Boden versteht der Bodenkundler die äusserste, in der Regel zwischen 50 cm und 2 m dicke, belebte Verwitterungsschicht der Erdrinde (Bodenkunde oder Pedologie: Wissenschaft vom Boden). Trotz ihrer im Vergleich zum Erddurchmesser so geringen Mächtigkeit verdanken wir dieser Schicht unsere Existenz. Ohne Boden wäre auf dem Festland kein höheres Leben denkbar.
Der Boden ist Produktionsgrundlage von Land- und Forstwirtschaft und bildet die Basis für die Erzeugung von Nahrungsmitteln und Holz. Er kann Wasser und Nährstoffe speichern und ermöglicht dadurch das Wachstum der Pflanzen. Im Kreislauf des Wassers spielt er eine wichtige Rolle als Reinigungssystem: Im Sickerwasser gelöste Substanzen und Schwebstoffe werden zurückgehalten. Organische Stoffe werden von einer Vielzahl von Bodenbakterien, Bodenpilzen und Bodentieren zersetzt und teilweise in wertvollen Dauerhumus umgewandelt.

Mit ihrer Wanderausstellung «Boden – bedrohte Lebensgrundlage?» will die Bodenkundliche Gesellschaft der Schweiz in allgemeinverständlicher und knapper Form über den Boden, seine Entstehung und Nutzung und über Bodenprobleme (Kulturlandverlust, Bodenvergiftung durch Schadstoffe, Bodenerosion) informieren. Für die vorliegende Broschüre wurden die Texte und Bilder der Wanderausstellung geringfügig geändert und teilweise mit zusätzlichen Erläuterungen versehen. Neu hinzu kamen die Beiträge über Nitrat im Boden und über Bodenkartierung.

Introduction

Le sol, dans le sens où l'entend le pédologue, est la couche la plus externe de la croûte terrestre, épaisse de 50 cm à 2 m, monde de roches altérées et d'organismes vivants (pédologie: science du sol). Malgré sa modeste épaisseur comparée au diamètre terrestre, cette couche permet à l'homme d'exister. Sans sol, les continents ne porteraient aucune forme de vie supérieure.
Le sol est indispensable à l'exploitation agricole et forestière; il est le support de la production de denrées alimentaires et de bois. Il peut stocker de l'eau et des substances nutritives, permettant ainsi la croissance des plantes. Il joue dans le cycle de l'eau le rôle important d'un système d'épuration en retenant les substances dissoutes et en suspension de l'eau qui percole à travers lui. Les matières organiques sont détruites par une quantité de bactéries, de champignons et autres animaux du sol qui les transforment partiellement en bon humus.

L'intention de la Société Suisse de Pédologie avec son exposition «Sol – bien vital menacé?» est d'apporter, sous forme abrégée et compréhensible, des informations sur le sol, son origine, son utilisation et sur les problèmes qui le concernent (perte des terres cultivées, pollution et érosion du sol). Dans la présente brochure, les textes et les figures de l'exposition ont été légèrement modifiés et, ici ou là, complétés. On y a ajouté des paragraphes sur les nitrates et sur la cartographie des sols.

Mensch und Boden
L'homme et le sol

Landwirtschaft – Forstwirtschaft – Naturschutz

Agriculture – Sylviculture – Protection de la nature

Der Boden ist Produktionsgrundlage von Land- und Forstwirtschaft. Er bildet die Basis für die Landesversorgung mit Nahrungs- und Futtermitteln sowie für die Bereitstellung von Holz.

Ungenutzte Böden bilden als Schutzgebiete freien Lebensraum für Pflanzen und Tiere.

Le sol est le support indispensable de la production agricole et sylvicole. Il est nécessaire au pays pour son approvisionnement en denrées alimentaires, en fourrage et en bois.

Les sols inutilisés représentent des réserves naturelles favorables au libre développement des plantes et des animaux.

Mensch und Boden
L'homme et le sol

Wasserspeicherung – Wasseraufbereitung

Stockage de l'eau – Filtration de l'eau

Der Boden fängt Niederschlagswasser auf, speichert einen Teil davon und ermöglicht dadurch das Wachstum der Pflanzen.

Im Kreislauf des Wassers spielt der Boden eine wichtige Rolle als Reinigungssystem. Im Boden werden organische Stoffe zersetzt und in Humus umgewandelt; gelöste Substanzen und Schwebstoffe werden zurückgehalten. So steht das Wasser, nachdem es durch den Boden gesickert ist, in der Regel als sauberes Grund- oder Quellwasser zur Verfügung.

Le sol retient les eaux de pluie et en stocke une partie, permettant ainsi la croissance des plantes.

Dans le cycle de l'eau, le sol joue le rôle important d'un système d'épuration. Dans le sol, les matières organiques sont décomposées et transformées en humus; les substances dissoutes et celles en suspension sont retenues. L'eau qui a traversé le sol est en principe propre à la consommation.

Mensch und Boden
L'homme et le sol

Bauen – Verkehr – Rohstoffe

Constructions – Trafic – Matières premières

Der Boden dient als Baugrund für die Erstellung von Wohnungen, Arbeitsplätzen und Verkehrsanlagen.

Aus dem Boden gewinnen wir einen grossen Teil der Rohmaterialien für die Bauwirtschaft, wie Kies, Schotter, Sand, Lehm.

Le sol sert de support à la construction de logements, de lieux de travail et de voies de communication.

On extrait du sol une bonne partie des matériaux bruts pour le bâtiment: graviers, sables, limons.

Mensch und Boden
L'homme et le sol

Freizeit – Sport – Erholung

Loisirs – Sport – Détente

Wir erholen uns in der Natur. Wir benutzen und beanspruchen den Boden zum Fussballspielen, Reiten, Wandern, Picknicken ...
Die Landschaft, die uns umgibt und in der wir uns wohl fühlen, ist geprägt durch die Natur ihrer Böden.

Nous nous détendons dans la nature. Nous utilisons le sol pour jouer au football, pour nous promener à pied ou à cheval, pour pique-niquer ...
Le paysage qui nous est familier porte la marque de ses sols.

Wie ein Boden entsteht
Comment un sol se forme

Unsere fruchtbarsten Böden entstanden auf Schottern und Moränen der Eiszeit.

Nos sols les plus fertiles se sont formés sur les graviers et les moraines de l'époque glaciaire.

1

2

3

Während der Eiszeiten brachten Gletscher und Flüsse riesige Mengen von Sand, Kies und Steinen aus dem Alpenraum ins Mittelland und lagerten sie dort als Moränen und Schotter ab (1).
Im Laufe von Jahrtausenden entstanden auf diesen eiszeitlichen Ablagerungen unsere wertvollsten Akker- und Gartenböden.

Auf dem rohen Schotter können anfänglich nur einige hochspezialisierte Pflanzenarten wachsen (2).
Doch schon nach wenigen Jahren erkennt man im Wurzelbereich dieser Pflanzen dunkles, feines Material: Bakterien und Pilze haben die abgestorbenen Pflanzenreste zu **Humus** umgewandelt (3).
Fortsetzung Seite 21

Au temps des grandes glaciations, les glaciers et les rivières charrièrent des Alpes au Moyen-Pays d'énormes quantités de sable et de cailloux qu'ils déposèrent sous forme de moraines et de graviers (1).
C'est sur ces dépôts glaciaires que se sont formés, au cours des millénaires, les meilleurs sols de nos champs et de nos jardins.

Au début seules quelques espèces végétales très spécialisées peuvent pousser (2).
Toutefois, après quelques années déjà on peut observer un matériau fin et foncé dans la zone des racines: des bactéries et des champignons ont transformé les restes végétaux en ***humus*** *(3).*
Suite page 21

Bei der Entstehung eines Bodens lassen sich verschiedene Prozesse unterscheiden, welche meist gleichzeitig nebeneinander ablaufen:

Verwitterung

a) Gesteinszerfall (physikalische Verwitterung): Durch Temperaturschwankungen und Frostwirkung werden vom Fels kleine Stücke abgesprengt. Dieser Vorgang verläuft um so schneller, je grösser die Temperaturschwankungen sind und je öfter das Wasser in den Rissen gefriert und auftaut. Auch die Pflanzen können einen Zerfall der Gesteine bewirken, wenn die Wurzeln in Spalten und Risse eindringen und das Gestein durch ihr Dickenwachstum auseinandersprengen.
   Beim Abtransport durch Bäche, Flüsse oder Gletscher werden die Steine abgerieben und weiter zerkleinert.
b) Chemische Verwitterung: Die Minerale werden in ihre Bausteine aufgelöst. Daraus werden im Boden wieder neue Minerale, vor allem Tone und Rost, gebildet.
   Die im Gestein fest gebundenen Nährstoffe (Kalium, Magnesium, Kalzium, Phosphate) können von den Pflanzen nicht aufgenommen werden. Erst nach der Verwitterung sind sie für die Wurzeln erreichbar.

Fortsetzung Seite 21

Dans la formation d'un sol on distingue plusieurs processus le plus souvent simultanés:

Altération

a) Dislocation des roches (altération physique): les variations de température et le gel détachent des petits fragments de roche. Le phénomène est d'autant plus rapide que les différences de température sont grandes et que l'eau prise dans les fissures gèle et dégèle plusieurs fois. Les plantes peuvent aussi participer à la dislocation des roches lorsque leurs racines forcent des fissures et, en gonflant, font éclater la roche.
   Les éclats ainsi formés sont émoussés et réduits en fragments de plus en plus petits lors de leur transport par les ruisseaux, les rivières ou les glaciers.
b) Altération chimique: les minéraux sont décomposés et réduits à leurs constituants élémentaires à partir desquels de nouveaux minéraux peuvent se former, avant tout des argiles et de la rouille.
   Les matières nutritives qui sont fortement retenues dans les roches (potassium, magnésium, calcium, phosphates) ne peuvent pas être absorbées par les plantes. Ce n'est que par

Suite page 21

Wie ein Boden entsteht
Comment un sol se forme

Bis aus Kies und Sand ein tiefgründiger Ackerboden entstanden ist, vergehen einige tausend Jahre.

Quelques millénaires sont nécessaires pour passer des sables et des graviers à un sol agricole profond.

Eine **Humusschicht** entsteht (4). Der Humus kann Wasser und Nährstoffe für die Pflanzen speichern.
Regenwürmer und andere Bodentiere vermischen organisches und mineralisches Material und lokkern den Boden.
Kalkhaltige Steine werden langsam aufgelöst. Der Kalk wandert mit dem Sickerwasser in die Tiefe.

Unter der Humusschicht bildet sich eine rostbraune **Verwitterungsschicht** (5). Bei der Verwitterung wird das Gestein zerstört. Aus den Verwitterungsprodukten entstehen Rost und Tone.
Der Rost gibt der Verwitterungsschicht die typische Farbe.
Die Tone speichern wie der Humus Wasser und Nährstoffe.

Une ***couche humifère*** *se forme (4). L'humus peut stocker de l'eau et des substances nutritives pour les plantes.*
Les vers de terre et autres animaux du sol mélangent le matériel organique avec le matériel minéral et ameublissent le sol.
Les cailloux calcaires sont lentement dissous. Le calcaire est entraîné en profondeur par l'eau qui traverse le sol.

Il se forme sous la couche humifère une ***couche*** *brun-rouille dite* ***d'altération*** *(5). Lors de l'altération, la roche est décomposée avec formation de rouille et d'argiles.*
La rouille donne à la couche d'altération sa couleur caractéristique.
Comme l'humus, les argiles stockent de l'eau et des matières nutritives.

Entstehung von Humus
Bodenpilze und Bodenbakterien zersetzen die tote organische Substanz und wandeln sie teilweise in Humus um. Humus ist locker und besitzt ähnlich wie ein Schwamm eine riesige Oberfläche. Deshalb kann er grosse Mengen an Wasser und Nährstoffen aufnehmen, welche langsam an die Wurzeln abgegeben werden.

Verlagerung von Stoffen im Boden
Die Bodenbestandteile werden verlagert
a) durch Mischung verschiedener Bodenschichten (z. B. beim Pflügen oder durch Bodentiere) oder
b) als gelöste Teilchen oder Schwebstoffe im Bodenwasser. In unserem niederschlagsreichen Klima werden die Stoffe in tiefere Bodenschichten transportiert. Deshalb sind viele unserer Böden in ihrem oberen Teil verarmt («Auswaschungsschicht») und zeigen im unteren Teil eine «Anreicherungsschicht».

l'effet de l'altération qu'elles deviennent accessibles aux racines.

Formation de l'humus
Les champignons, les bactéries et les animaux du sol décomposent la matière organique morte et la transforment partiellement en humus.
L'humus est un matériau peu cohérent et présente, à la façon d'une éponge, une très grande surface. C'est pourquoi il peut absorber une grande quantité d'eau et de substances nutritives qui peuvent être captées petit à petit par les racines.

Déplacement de matière dans le sol
Les particules de sol peuvent être déplacées:
a) par mélange de diverses couches de sol (labours, animaux du sol)
b) sous forme dissoute ou en suspension dans l'eau du sol. Sous notre climat riche en précipitations les matières sont transportées dans les couches profondes du sol. C'est pourquoi beaucoup de sols sont appauvris dans leurs parties supérieures («couche lessivée») et ont en profondeur une «couche enrichie».

Wie ein Boden entsteht
Comment un sol se forme

Der Boden ist ein Produkt der Umwelt. Wo sich die Umweltbedingungen ändern, ändert sich auch der Boden.

Le sol est un produit de l'environnement. Quand celui-ci se modifie, le sol change également.

Die Entwicklung des Bodens wird beeinflusst durch

- **das Gestein,** aus dem er entsteht.
  Beispiel: Auf lockerem Material sind die Böden tiefgründiger als auf Fels.
- **das Klima.**
  Beispiel: In niederschlagsreichen Gebieten sind die Böden weiter entwickelt als in Trockengebieten.
- **die Geländeform.**
  Beispiel: Auf Kuppen findet man häufig flachgründige, erodierte Böden.
- **die Vegetation und die Bodenlebewesen.**
  Beispiel: Blätter von Laubbäumen werden viel schneller abgebaut als Tannen-, Fichten- oder Föhrennadeln.
- **den Menschen.**
  Bewirtschaftung, Ablagerung von Schadstoffen, Zerstörung durch Überbauung.

Le développement du sol est influencé par

- ***la roche*** *dont il dérive.*
  Exemple: les sols sur matériaux meubles (alluvions) sont plus profonds que ceux sur roche dure.
- ***le climat.***
  Exemple: dans les régions pluvieuses, les sols sont plus développés que dans les régions sèches.
- ***la topographie.***
  Exemple: sur les bosses, les sols sont souvent superficiels et érodés.
- ***la végétation et la faune.***
  Exemple: la litière des arbres à feuilles caduques est plus vite décomposée que les aiguilles des sapins, des épicéas ou des pins.
- ***l'homme.***
  Agriculture et sylviculture, dépôts de polluants, destruction par les constructions.

Bodenkarten
Cartes des sols

Bodenkarten sind eine wichtige Grundlage für Raumplanung, Land- und Forstwirtschaft.

Les cartes des sols jouent un rôle important dans les aménagements de territoire, dans l'agriculture et la sylviculture.

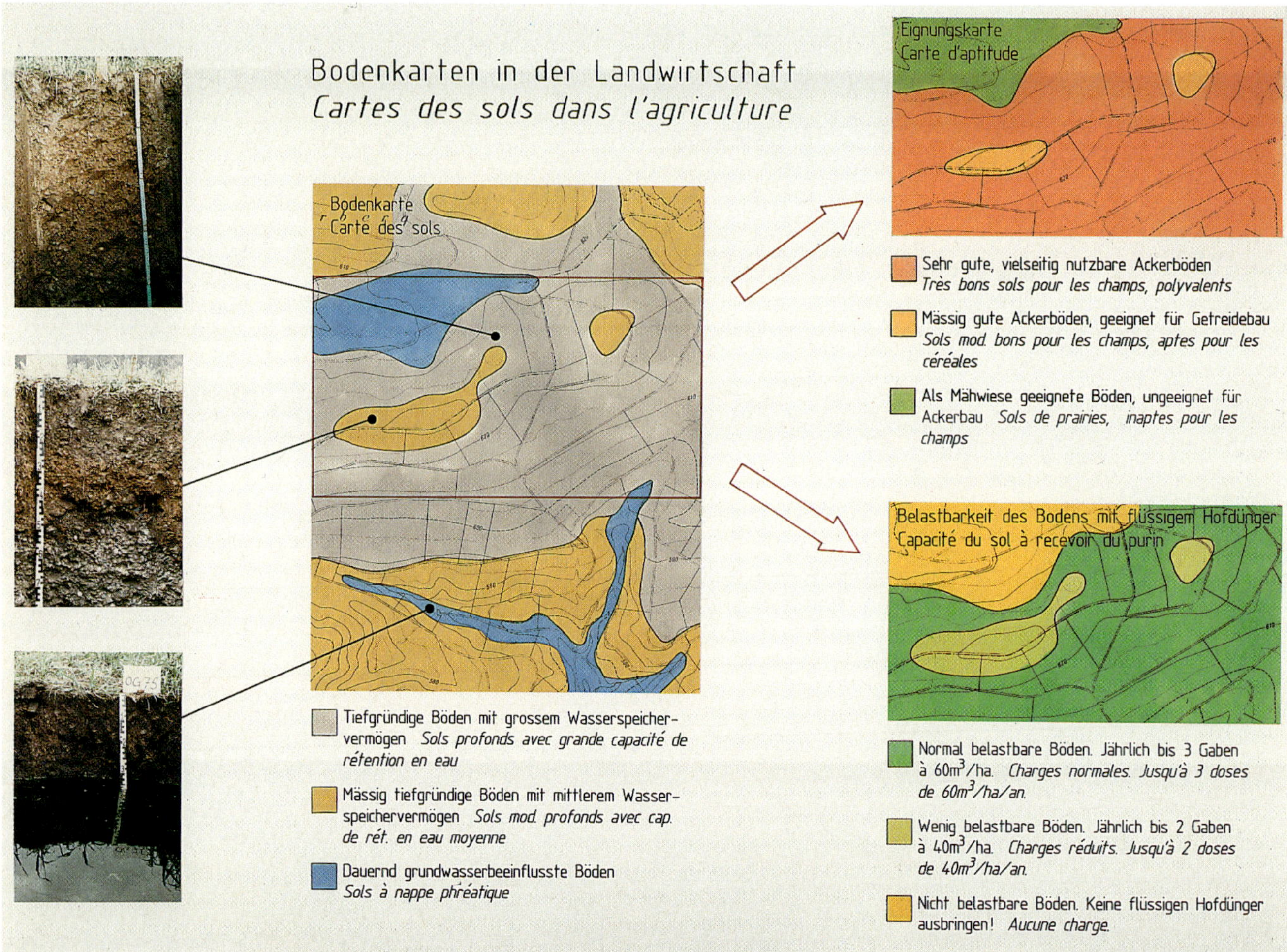

So vielfältig wie unsere Landschaft sind auch ihre Böden. Oft wechseln die Bodenverhältnisse auf kleinstem Raum. Die Bodenkarte gibt Aufschluss über Eigenschaften und Verbreitung der verschiedenen Böden.

Bodenkarten

- sind eine wichtige Grundlage für die Raumplanung. Nur wenn wir wissen, wo unsere fruchtbarsten Böden liegen, können wir diese vor einer weiteren Zweckentfremdung (z.B. Überbauung) schützen.
- liefern der Land- und Forstwirtschaft wertvolle Angaben für eine standortsangepasste Nutzung der Böden (Wahl der geeigneten Kulturen und Baumarten).
- dienen der wissenschaftlichen Erforschung von Naturräumen.

Le paysage est très varié et ses sols le sont tout autant. Les caractéristiques de ces derniers peuvent changer sur une courte distance. La carte des sols informe sur les propriétés et la répartition des différents sols.

Les cartes des sols

- *sont une source d'information importante pour les aménagements de territoire. La localisation des terres les plus fertiles permet de les préserver pour l'agriculture (et éviter qu'elles soient, par exemple, mises en zone à bâtir).*
- *fournissent à l'agriculture et à la sylviculture de précieuses données pour une utilisation appropriée du sol (choix des cultures et des essences adaptées au milieu).*
- *servent à la connaissance scientifique des milieux naturels.*

Seit 1958 werden von der Eidg. Forschungsanstalt für landwirtschaftlichen Pflanzenbau Zürich-Reckenholz Bodenkartierungen durchgeführt.
Die Anwendungsmöglichkeiten einer Bodenkarte sind vom Massstab abhängig.
Die **Bodeneignungskarten 1:300000** und **1:200000** geben eine Übersicht über die Verbreitung der wichtigsten Böden in der Schweiz. Sie dienen als Grundlage für überregionale und nationale Arbeiten (Beispiel: Landesplanung).
Die **Bodenkarten 1:50000** und **1:25000** sind eine wichtige Grundlage für die Orts- und Regionalplanung und geben der Land- und Forstwirtschaft bereits recht genaue Hinweise auf Bodenqualität und Bodeneignung.
Detaillierte Bodenkarten (M 1:10000 bis 1:1000) sind erforderlich für Güterzusammenlegungen, die Planung von Bodenverbesserungsmassnahmen, die land- und forstwirtschaftliche Betriebsplanung und geben Hinweise auf eine umweltgerechte Düngung.

Depuis 1958, la Station fédérale de recherches agronomiques de Zürich-Reckenholz effectue des cartographies de sols.
L'utilisation d'une carte des sols dépend de son échelle.
*Les **cartes d'aptitude des sols au 1:300000** et **au 1:200000** donnent une vue d'ensemble de la répartition géographique des principaux sols de Suisse. Elles servent à des travaux portant sur des régions entières ou sur l'ensemble du territoire national (par exemple planification nationale).*
*Les **cartes au 1:50000** et **au 1:25000** sont des documents importants pour la planification locale et régionale, et fournissent à l'agriculture et à la sylviculture des bonnes indications sur la qualité et l'aptitude des sols.*
*Les **cartes des sols détaillées** (du 1:10000 à 1:1000) sont nécessaires aux remaniements parcellaires, aux projets d'améliorations foncières, aux plans des entreprises agricoles et forestières et donnent des indications pour adapter la fumure aux conditions locales.*

Der Boden lebt
Le sol vit

In einer Handvoll Erde leben bis zu 100 000 Kleintiere, die für den Boden von Bedeutung sind.

Dans une poignée de terre vivent jusqu'à 100 000 animalcules importants pour le sol.

1 Schnabelmilbe (Bdella)
2 Hornmilbe (Ceratoppia)
3 Kugelspringschwanz (Sminthuridae)
4 Springschwänze (Onychiurus)
5 Tausendfüsser (Iulidae)
6 Fadenwurm (Nematodes)
7 Käferlarven (Staphylinidae)
8 Mückenlarven (Psychodidae)
9 Assel (Oniscus)

In einem Quadratmeter Boden können über 20 Millionen Tiere leben:

20 000 000 Fadenwürmer (6)
400 000 Milben (1, 2)
400 000 Springschwänze (3, 4)
200 000 Enchyträen (kleine weisse Würmer)
16 600 Insekten und Insektenlarven (7, 8)
2 800 Tausend- und Hundertfüsser (5)
100–300 Regenwürmer
200 Asseln (9)

Bodentiere als Bioindikatoren

Unter einer Wiese findet man die grössere Vielfalt von Bodentieren als unter einer Maiskultur. – Rindermist zieht vor allem Mistkäfer an, auf Klärschlamm dagegen sind Fliegen- und Mückenlarven begünstigt. – Während die Ablagerung von Schadstoffen aus Rauchgasen einen Rückgang aller Bodentiere bewirkt, kommt es unter dem Einfluss von Insektiziden zu einer Vermehrung der Springschwänze und einer Abnahme der Raubmilben.

Diese Beispiele zeigen, dass die Bodentiere auf Veränderungen ihrer Umwelt reagieren. Sie sind gewissermassen **Bioindikatoren** dieser Veränderungen und erlauben Rückschlüsse auf den Zustand des Bodens. Hier liegt ein wichtiger Anwendungsbereich der Bodenzoologie: Durch die Untersuchung der Bodentiere erfahren die chemischen und physikalischen Bodenanalysen eine wertvolle Ergänzung und Bereicherung.

1 Bdella (Bdella)
2 Oribate (Ceratoppia)
3 Collembole (Sminthuridae)
4 Collemboles (Onychiurus)
5 Iule (Iulidae)
6 Nématode (Nematodes)
7 Larves de Staphylins (Staphylinidae)
8 Larves de Diptères (Psychodidae)
9 Cloporte (Oniscus)

Plus de 20 millions d'animaux peuvent vivre dans un mètre carré de sol:

20 000 000 Nématodes (6)
400 000 Acariens (1, 2)
400 000 Collemboles (3, 4)
200 000 Enchytrées (petits vers blancs)
16 600 Insectes et leurs larves (7, 8)
2 800 Myriapodes (5)
100–300 Vers de terre
200 Cloportes (9)

Les animaux bioindicateurs des sols

Dans un pré, la faune du sol est plus diversifiée que dans une culture de maïs. – Le fumier bovin attire les Scarabées alors que les boues d'épuration favorisent les larves de Diptères. – Les retombées de fumées toxiques provoquent une raréfaction générale tandis qu'un épandage d'insecticide entraîne la prolifération des Collemboles et la diminution des Acariens prédateurs.

*Ces exemples montrent que les animaux réagissent aux modifications des sols dans lesquels ils vivent: ils sont en quelque sorte les **bioindicateurs** de ces changements et permettent de les mettre en évidence. C'est là un aspect pratique des études en Zoologie du sol qui vient utilement compléter les analyses effectuées par les chimistes et les pédologues.*

Der Boden lebt
Le sol vit

Die Bodentiere zersetzen organische Abfälle und durchmischen die Bodenschichten.

La faune du sol décompose les déchets organiques et aide au mélange des couches du sol.

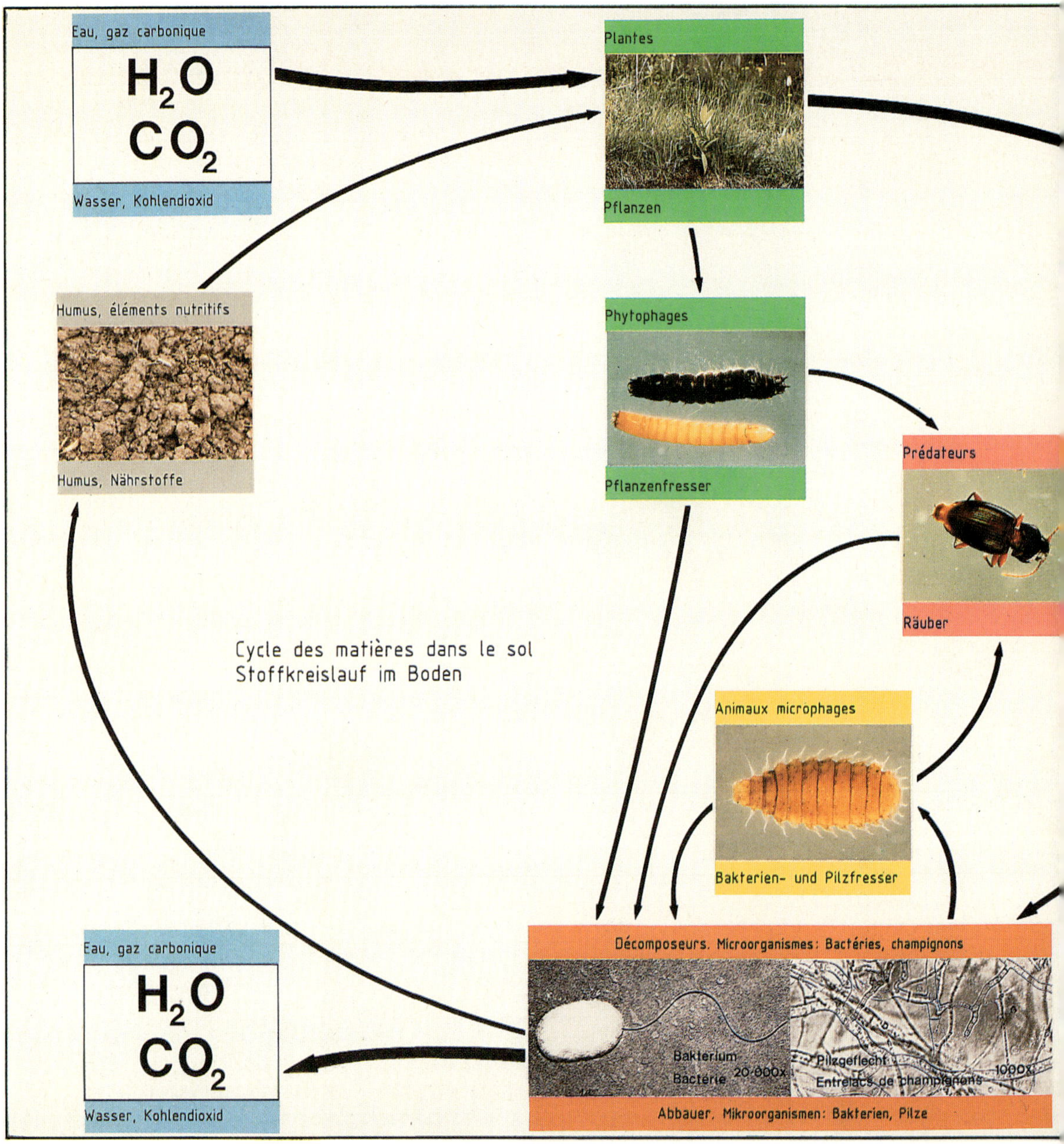

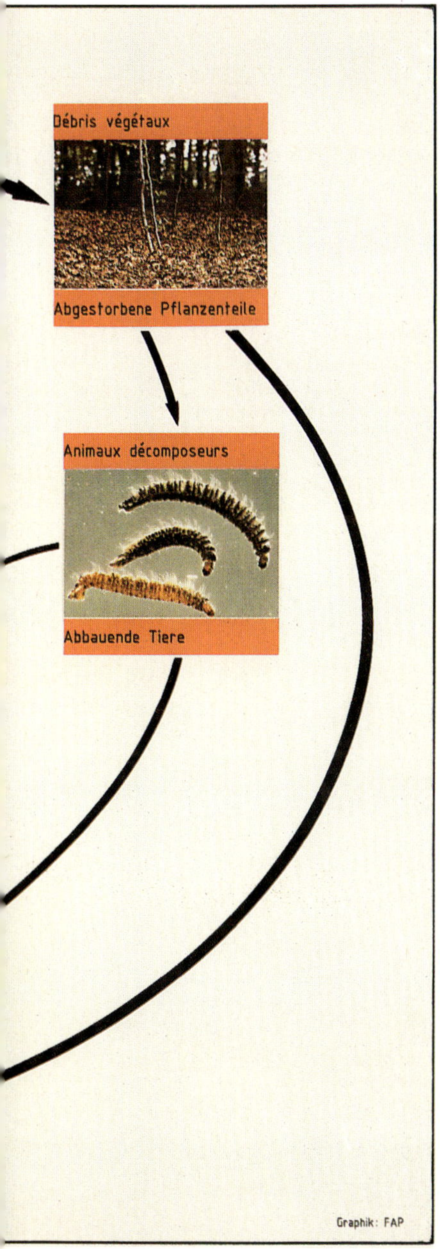

Nach ihrer Ernährungsweise lassen sich vier wichtige Gruppen von Bodentieren unterscheiden.

- Die **Pflanzenfresser** fressen lebende Wurzeln. In zu grosser Zahl werden sie oft zu Schädlingen.
- Die **abbauenden Tiere** zerkleinern abgestorbene Pflanzenteile und begünstigen damit die Abbautätigkeit der Bodenbakterien und Bodenpilze.
- Die **Bakterien- und Pilzfresser** ernähren sich von Mikroorganismen.
- Die **Räuber** jagen andere Bodentiere.

So trägt jedes Lebewesen auf seine Weise dazu bei, das biologische Gleichgewicht im Boden zu erhalten.

Quatre catégories d'animaux, caractérisés par leurs régimes alimentaires, sont particulièrement importantes.

- *Les **phytophages** mangent des racines vivantes. Ils peuvent devenir nuisibles s'ils sont très nombreux.*
- *Les **décomposeurs,** en fragmentant la litière, favorisent l'activité minéralisatrice des bactéries et des champignons du sol.*
- *Les **microphages,** qui vivent aux dépens des microorganismes, et*
- *les **prédateurs,** qui se nourrissent d'autres animaux, contribuent ensemble à maintenir l'équilibre biologique du sol.*

Der Boden lebt
Le sol vit

Nach und nach wandeln die Bodenlebewesen die Überreste von Pflanzen und Tieren in Humus um.

Les décomposeurs transforment progressivement les restes des plantes et des animaux en humus.

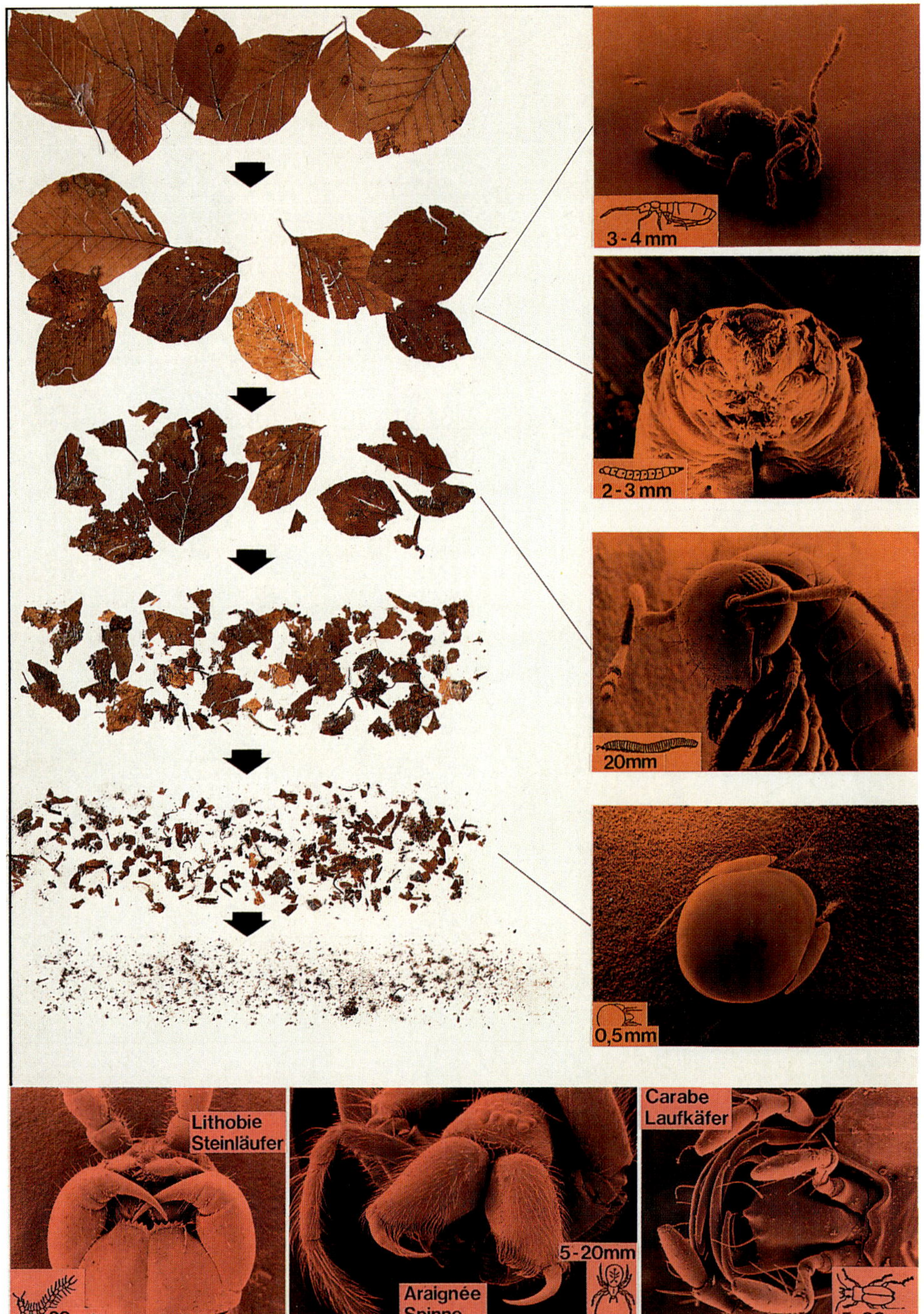

Nach dem Laubfall setzen sich die Blätter und werden vom Regenwasser ausgelaugt. Bakterien und Pilze siedeln sich an.

↓

Grosse Springschwänze fressen Löcher in die Blattoberfläche, so dass die Bakterien und Pilze ins Blattinnere gelangen können. Mücken- und Fliegenlarven vergrössern die Löcher.

↓

Asseln und Tausendfüsser zerstückeln die Blätter und greifen auch die Blattnerven an.

↓

Die Zerstückelung der Blätter (Oberflächenvergrösserung) führt zu einer beschleunigten Entwicklung der Bakterien und Pilze.

↓

Kleine Springschwänze, Hornmilben und Enchyträen (kleine weisse Würmer) zerkleinern die Blattreste.

↓

Das organische wird gut mit mineralischem Material vermischt (Krümel).

Die **Räuber** sind mit starken Kiefern, Zangen oder Giftstacheln bewaffnet, mit denen sie ihre Beutetiere töten können.

Les feuilles tombent. Elles se tassent, sont lessivées, et de la microflore s'y développe.

↓

Les gros Collemboles en perforent l'épiderme. La microflore envahit l'intérieur des feuilles. Les petites larves des Diptères agrandissent les perforations.

↓

Les macroarthropodes découpent les feuilles et attaquent les nervures.

↓

La fragmentation des feuilles et les déjections (augmentation de la surface) permettent un développement accru de la microflore.

↓

Les petits Collemboles, les Oribates et les Enchytréides réduisent les débris de feuilles et les déjections.

↓

La matière organique se mélange à la matière minérale (agrégats).

*Les **prédateurs** sont armés de puissantes mandibules, de crochets ou de stylets venimeux qui leur permettent de tuer leurs proies.*

Der Boden lebt
Le sol vit

Regenwürmer erzeugen wertvollen Dauerhumus. Sie lockern und durchmischen den Boden.

Les vers de terre fabriquent un humus excellent et stable. Ils ameublissent et mélangent le sol.

In einem guten Mittellandboden leben pro Hektare zirka 1 Million oder über 1000 kg Regenwürmer. Diese bringen jedes Jahr 50 bis 80 Tonnen Wurmkot (= wertvollen Dauerhumus) an die Erdoberfläche.

Die Regenwürmer

- bilden in ihrem Darm die Ton-Humuskomplexe, wertvollen Dauerhumus.
- durchdringen und durchmischen die Bodenschichten. Ihre Gänge sind Kanäle für den Luft- und Wasseraustausch.
- zerkleinern abgestorbene Pflanzenteile und graben sie in den Boden ein.
- fördern die Aktivität der Bodenpilze und Bodenbakterien.
- regen mit ihren Ausscheidungen das Pflanzenwachstum an.

Dans un hectare de bon sol du Moyen-Pays vivent env. 1 million – ou plus de 1000 kg – de vers de terre. Ceux-ci ramènent annuellement 50 à 80 tonnes de déjectons (humus de qualité) à la surface du sol.

Les vers de terre

- *fabriquent dans leur tube digestif les complexes argilo-humiques, éléments d'un humus de qualité.*
- *perforent et mélangent les couches du sol. Leurs galeries sont les canaux qui favorisent la circulation de l'air et de l'eau.*
- *émiettent les restes des végétaux morts et les enterrent.*
- *favorisent l'activité des champignons et des bactéries du sol.*
- *stimulent par leurs sécrétions la croissance des plantes.*

In der Schweiz kommen gegen 30 verschiedene Regenwurmarten vor, von denen 5 oder 6 als häufig gelten.

Die Bodenzoologen unterscheiden im wesentlichen 3 Typen von Regenwürmern, die sich in ihrer Lebensweise und ihrer äusseren Erscheinung unterscheiden.

1. Arten, welche ihr Futter an der Erdoberfläche holen, deren Wohnröhren aber bis tief in den mineralischen Unterboden reichen. Sie ziehen modernde Pflanzenteile in ihre Wohnröhren ein und vermischen sie beim Fressen mit mineralischen Teilchen. Für die Durchmischung der Bodenschichten und die Humusbildung sind hauptsächlich diese Arten verantwortlich.
2. Arten, welche im unteren Wurzelbereich leben und uns wegen ihrer versteckten Lebensweise kaum auffallen.
3. Arten, die vorwiegend im rein organischen Oberboden leben. Bekanntester Vertreter ist der Mistwurm (Eisenia fetida), welcher heute in sehr grossen Mengen in sogenannten Wurmfarmen auf organischen Abfällen gezüchtet wird.

On compte en Suisse environ une trentaine d'espèces de vers de terre, parmi lesquelles 5 ou 6 sont courantes.

Les zoologistes du sol distinguent essentiellement 3 types de vers de terre d'après leur mode de vie et leur aspect.

1. *Les espèces qui se nourrissent à la surface, mais dont les galeries descendent profondément dans le sous-sol minéral. Ces vers entraînent avec eux des fragments végétaux en voie de fermentation, et par ingestion les mélangent aux particules minérales. Ils sont les principaux responsables du mélange des couches du sol et de la formation de l'humus.*
2. *Les espèces qui vivent dans la partie inférieure de la rhizosphère et qui, de ce fait, échappent à l'observateur non averti.*
3. *Les espèces localisées surtout dans la couche organique superficielle. Le représentant le plus connu en est le ver du fumier (Eisenia fetida), qui fait actuellement l'objet d'élevages intensifs sur dépôts organiques (vermiculture).*

Wasserhaushalt des Bodens
Hydrologie du sol

Ein tiefgründiger Waldboden im Mittelland speichert pro m² über 250 Liter Wasser – mehr als ein Viertel des Jahresniederschlages.

Un sol forestier profond du Moyen-Pays emmagasine plus de 250 litres d'eau par m² – plus d'un quart des précipitations annuelles.

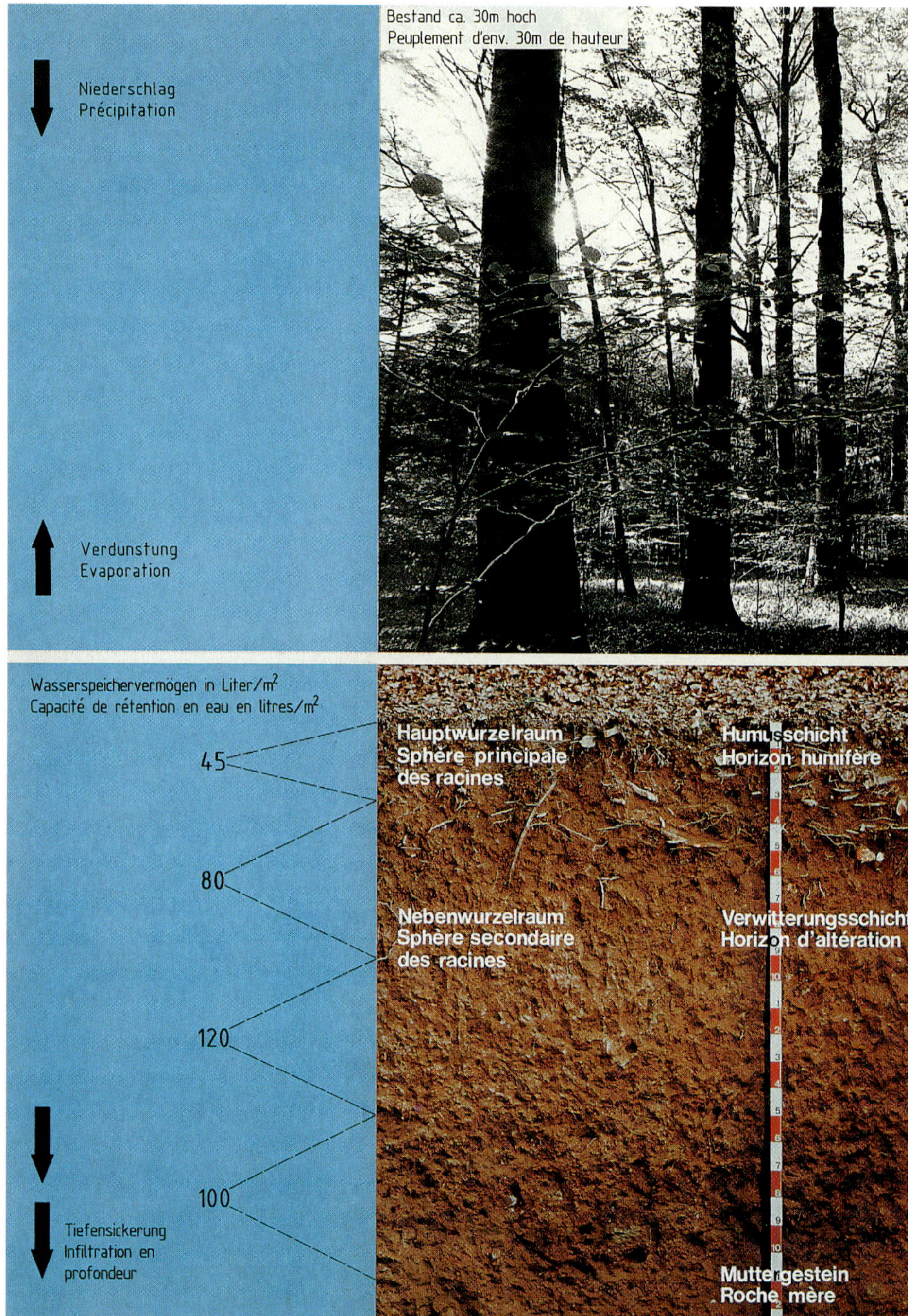

Der **durchschnittliche Jahresniederschlag** beträgt im schweizerischen Mittelland ungefähr 1000 Liter pro m².
Davon **verdunsten** im Wald – je nach Witterungsverlauf – 450 bis 650 Liter pro m². Die grössten Verdunstungsmengen werden im Sommer gemessen.
Der abgebildete Boden **speichert** 250 bis 350 Liter Wasser pro m². Dies entspricht mehr als einem Viertel des Jahresniederschlages.
Wieviel Wasser aus dem Boden in die Tiefe und damit möglicherweise ins Grundwasser **versickert**, hängt von den Niederschlägen und von der Verdunstungsmenge ab. In unserem Beispiel beträgt die **Tiefensickerung** 50 bis 250 Liter pro m² und passiert hauptsächlich im Winter.

*Les **précipitations annuelles moyennes** dans le Moyen-Pays sont d'environ 1000 litres au m².*
*En forêt, il s'en **évapore** – selon les conditions climatiques – de 450 à 650 litres par m², la plus grande partie en été.*
*Le sol représenté **emmagasine** entre 250 et 350 litres par m². Cela représente plus du quart des précipitations annuelles.*
*La quantité d'eau qui **traverse le sol** pour atteindre éventuellement la nappe phréatique dépend des précipitations et de l'évaporation. Dans notre exemple, ce sont de 50 à 250 litres par m² qui **quittent le sol,** surtout en hiver.*

Der Wasser- und der Lufthaushalt eines Bodens sind für das Pflanzenwachstum von entscheidender Bedeutung.
Die zwischen den festen Bodenteilchen angeordneten Hohlräume oder **Bodenporen** sind entweder mit Wasser oder mit Luft gefüllt. Nach ihrer Grösse und Funktion werden 3 Gruppen von Bodenporen unterschieden:

- In den **Grobporen** wird das Niederschlagswasser so schwach gebunden (Saugspannung 0–0,1 bar; Erfahrungswert), dass es spätestens nach 3–4 Tagen versickert ist. Die Grobporen sind für die Wassersickerung und die Durchlüftung des Bodens verantwortlich und werden deshalb auch **Sickerporen** oder **Luftporen** genannt.
- Die **Mittelporen** werden auch als **Speicherporen** bezeichnet. Das Wasser wird genügend stark zurückgehalten, dass es nicht versickert, kann aber von den Pflanzenwurzeln aufgenommen werden. Es wird unterschieden zwischen Mittelporen mit **leicht verwertbarem** (Saugspannung 0,1–0,7 bar) und **schwer verwertbarem Wasser** (Saugspannung 0,7–15 bar).
  Bei zunehmender Trockenheit brauchen die Pflanzen immer mehr Energie, um Wasser aus dem Boden aufzunehmen.
- In den **Feinporen** ist das Wasser so fest gebunden, dass es für die Vegetation nicht verwertbar ist **(Restwasser**; Saugspannung > 15 bar).

Fortsetzung Seite 37

L'eau et l'air d'un sol ont une importance décisive pour la croissance des plantes.
*Les espaces vides entre les particules du sol, appelés **pores,** sont remplis d'eau ou d'air. On en distingue 3 groupes d'après leur grosseur et selon leur fonction:*

- *les **pores grossiers** sont caractérisés par une très faible rétention de l'eau issue des précipitations (par expérience, une tension de 0–0,1 bar), ce qui fait qu'ils sont vidés de leur eau en 3–4 jours. Les pores grossiers conditionnent le drainage de l'eau et l'aération du sol; c'est pourquoi on les appelle **pores de drainage** ou **pores à air.***
- *les **pores moyens** sont aussi appelés **pores de rétention.** L'eau y est retenue suffisamment fort pour ne pas percoler, mais non pour ne pas pouvoir être captée par les racines des plantes. On distingue les pores moyens à **eau facilement utilisable** (tension 0,1–0,7 bar) et ceux à **eau difficilement utilisable** (tension 0,7–15 bar).*
  Au fur et à mesure qu'une sécheresse se prolonge, les plantes dépensent de plus en plus d'énergie pour prélever leur eau du sol.
- *les **pores fins** retiennent l'eau si fortement qu'elle n'est pas disponible pour les plantes **(eau non utilisable;** tension > 15 bar).*

Suite page 37

Wasserhaushalt des Bodens
Hydrologie du sol

Die Farbe eines Bodens gibt Auskunft über seinen Wasser- und Lufthaushalt, welcher für das Pflanzenwachstum entscheidend ist.

La couleur d'un sol donne des indications sur son régime hydrique et son aération, facteurs décisifs pour la croissance des plantes.

Der Boden auf der linken Bildseite zeigt zwei deutlich getrennte Schichten.
Im braunen, sandigen Oberboden (bis 90 cm Tiefe) herrschen für die Wurzeln ideale Verhältnisse. Die gleichmässig braune Färbung weist auf eine gute Durchlüftung hin. Das Wasserspeichervermögen ist hoch und das Nährstoffangebot günstig.
Im unverwitterten, steinigen Untergrund können die Wurzeln kaum wachsen.

Rechte Bildseite: In nassen Böden ist das Wurzelwachstum durch Luftmangel eingeschränkt.
Die rostigen Flecken zwischen 20 und 90 cm Tiefe weisen auf einen Wechsel zwischen nassen und trockenen Perioden hin.
Die blaugraue Farbe im unteren Teil zeigt an, dass der Boden hier kaum mehr durchlüftet und fast ständig vernässt ist. Eine Durchwurzelung ist nahezu ausgeschlossen.

In einem guten Wald- oder Ackerboden beträgt der Porenanteil rund 50%. Davon nehmen Grob-, Mittel- und Feinporen je etwa ein Drittel ein. – Sandböden zeigen einen hohen Grobporenanteil und kleine Mittel- und Feinporenanteile und trocknen deshalb schnell aus. – In schweren, tonigen Böden sind der Grob- und der Mittelporenanteil klein und der Feinporenanteil hoch. Diese Böden sind ungenügend durchlüftet und nach Niederschlagsperioden lange vernässt. In Trockenperioden leiden die Pflanzen dagegen unter Wassermangel.

Le sol représenté sur la partie gauche montre deux couches nettement séparées.
La partie supérieure, brune et sableuse (jusqu'à 90 cm de profondeur) présente des conditions idéales pour les racines. La coloration uniformément brune indique une bonne aération. La capacité de rétention en eau est grande et la réserve en éléments nutritifs est bonne.
Les racines ne peuvent pas se développer dans le sous-sol inaltéré et caillouteux.

A droite: dans les sols mouillés, la mauvaise aération entrave la croissance des racines.
Les taches de rouille entre 20 et 90 cm de profondeur indiquent une alternance de périodes humides et sèches.
La teinte gris-bleu dans la partie inférieure indique que le sol est à peine aéré et presque toujours mouillé. Un enracinement y est pratiquement exclu.

Le volume global des pores d'un bon sol forestier ou agricole est de 50%, réparti en parts à peu près égales entre les pores grossiers, moyens et fins. – Les sols sableux ont une forte proportion de pores grossiers, peu de pores moyens et fins, et de ce fait s'assèchent rapidement. – Dans les sols argileux et lourds la part des pores grossiers et moyens est faible, mais celle des pores fins est élevée. Ces sols sont insuffisamment aérés et restent longtemps mouillés après des périodes de pluie. Par contre, en période sèche les plantes y manquent d'eau.

Boden und Landwirtschaft
Sol et agriculture

Der Boden ist fruchtbar.
Wenn wir ihn richtig nutzen, ist unsere Ernährung sichergestellt.

Le sol est riche.
Bien traité, il assure notre alimentation.

1

2

3

4

5

6

«... das Land wird seine Früchte geben, dass ihr genug zu essen habt und sicher darin wohnt» (3. Mose 25/19).
Seit frühesten Zeiten ist der Mensch mit seinem Boden verbunden. Er bearbeitet und bebaut ihn und wird dafür mit reicher Ernte belohnt.
Auf einer Hektare wachsen heute

- zirka 6 Tonnen Weizen, oder
- 40 bis 50 Tonnen Kartoffeln, oder
- 8 bis 12 Tonnen Heu.

Doch bis zur Ernte gibt es viel Arbeit. Um den Humusgehalt zu erhöhen, muss organisches Material in den Boden gebracht werden (2, 3). Der Boden muss gepflügt (4) oder gelockert werden (Grubber, 5). Mit der Saatbettbereitung sollen für die Keimung günstige Bedingungen geschaffen und eine gute Durchwurzelung (6) gewährleistet werden.

Depuis les temps les plus anciens, l'homme est attaché à sa terre.
«La terre vous donnera des fruits, vous mangerez à satiété et vous y habiterez en sécurité» (Lévit. 25/19).
Il la respecte, la cultive et en tire de belles récoltes: à l'hectare

- *environ 6 tonnes de blé, ou*
- *40 à 50 tonnes de pommes de terre, ou*
- *8 à 12 tonnes de foin.*

Une récolte ne s'obtient pas sans peine. Il faut apporter au sol des matières organiques (2) pour l'enrichir en humus (3). Il faut le labourer (4) ou l'ameublir (appareil à dents, 5). Enfin il faut préparer le lit de semences pour une bonne germination et un enracinement aisé des plantes (6).

Boden und Landwirtschaft
Sol et agriculture

Dünger ist nur dann nützlich, wenn er richtig eingesetzt wird.

L'engrais n'est utile que s'il est correctement épandu.

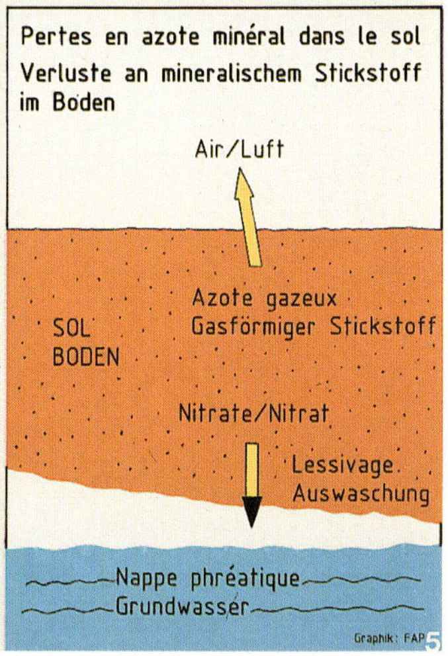

In Topfversuchen (1) und auf dem Feld (2) wird der Nährstoffbedarf der Kulturpflanzen exakt bestimmt. Bodenuntersuchungen zeigen, ob der Boden genügend Nährstoffe enthält oder ob eine Düngung erforderlich ist.
Regelmässig erscheinende Düngungsnormen informieren den Landwirt über den Nährstoffbedarf seiner Kulturen.

Die Anwendung von **Stickstoffdünger** ist nicht einfach. Erhalten die Pflanzen zu wenig Stickstoff, verkümmern sie (3); zu hohe Stickstoffgaben dagegen machen sie krankheitsanfällig (Mehltau, 4) und belasten die Gewässer (Nitrat, 5).
Der gute Landwirt denkt umweltbewusst und bemüht sich, nicht mehr als nötig zu düngen.

Les besoins élémentaires des plantes sont déterminés avec précision par des essais en pots (1) et en champs (2).
Le sol, quant à lui, est caractérisé par ses réserves nutritives, ses carences ou ses excès en fertilisants.
Des normes de fumure, des publications régulières, renseignent le cultivateur sur les besoins de ses cultures.

La ***fumure azotée*** *est difficile à appliquer. Trop peu d'azote rend la plante chétive (3), trop d'azote la rend sensible à quelques maladies (oïdium, 4) et aggrave l'eutrophisation des eaux (nitrates, 5).*
Le bon agriculteur respecte l'écologie et veille à ne donner que les doses de fumure nécessaires.

Boden und Landwirtschaft
Sol et agriculture

Bodenuntersuchungen sind Grundlage für eine angepasste Düngung.

Les analyses de sol sont à la base d'une fumure appropriée.

1

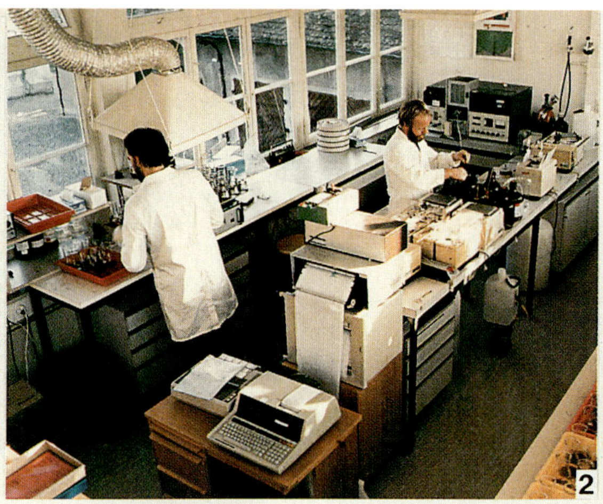

2

3

4

5

Der Bauer nimmt eine Bodenprobe und schickt sie an ein Untersuchungslabor der Eidgenössischen Forschungsanstalten (1).
Der Nährstoffgehalt der Probe wird im Bodenlabor gemessen (2).
Anhand von Vergleichskulturen wird das Resultat der Bodenuntersuchung beurteilt (3).
Der Analysenbericht gibt Auskunft über die notwendige Düngermenge (4).
Der Landwirt kann seine Düngergabe genau bemessen (5).

L'agriculteur prélève un échantillon et l'envoie à un laboratoire d'analyse des sols d'une des stations fédérales de recherche (1).
Le taux en substances nutritives est déterminé (2).
Le résultat de l'examen est estimé en utilisant des cultures de référence (3).
Le rapport d'analyse donne des indications sur les quantités d'engrais nécessaires (4).
L'agriculteur peut ainsi mesurer ses doses d'engrais avec exactitude (5).

Integrierte Pflanzenproduktion

Die integrierte Pflanzenproduktion ist das Ergebnis einer gezielten Weiterentwicklung des konventionellen Landbaus, berücksichtigt aber auch Erkenntnisse aus dem biologischen Landbau. Der Anbau wird soweit wie möglich den natürlichen Gegebenheiten (Boden, Klima) angepasst. In der Schädlingsbekämpfung steht die Ausnützung biologischer Bekämpfungsmethoden im Vordergrund **(integrierter Pflanzenschutz).** Im Unterschied zum biologischen Landbau wird nicht vollständig auf die Anwendung von synthetischen Schädlings- und Unkrautbekämpfungsmitteln und von Mineraldüngern verzichtet. Diese werden jedoch erst nach einer sorgfältigen Bedarfsabklärung (Bodenuntersuchungen, Beobachtung des Schädlingsbefalls), nur in den unbedingt notwendigen Mengen und zum richtigen Zeitpunkt eingesetzt.

Die integrierte Pflanzenproduktion steht erst am Anfang ihrer Entwicklung. Sie wird an den landwirtschaftlichen Forschungsanstalten laufend weiterentwickelt und den neuesten Erkenntnissen angepasst. In der landwirtschaftlichen Praxis ist die neue Landbaumethode noch wenig verbreitet. Sie stellt erhöhte Anforderungen an den Landwirt und verlangt eine regelmässige Weiterbildung.

Production selon les techniques intégrées

La production selon les techniques intégrées résulte d'une orientation particulière de l'agriculture conventionnelle, compte tenu des connaissances acquises en agriculture biologique.

Les cultures sont autant que possible adaptées aux conditions naturelles (sol, climat). La lutte antiparasitaire fait appel en premier lieu aux méthodes biologiques ***(lutte intégrée).*** *A l'encontre de l'agriculture biologique, le recours aux produits de synthèse et aux engrais minéraux n'est pas totalement banni. Ceux-ci ne sont utilisés qu'après un examen soigneux des besoins (analyse de sol, observation des atteintes parasitaires), en doses strictement nécessaires et appliquées au bon moment.*

La production selon les techniques intégrées en est à ses débuts. Elle est développée de façon continue par les Stations de recherches agronomiques en suivant les derniers résultats scientifiques. Cette nouvelle méthode de production est encore peu répandue parmi les praticiens. Elle réclame de la part de l'agriculteur des efforts supplémentaires et une formation continue.

Boden und Landwirtschaft
Sol et agriculture

Nitrat ist besonders für schnellwachsende Pflanzen eine unentbehrliche Stickstoffquelle.

Le nitrate est une source indispensable d'azote, tout spécialement pour les plantes à croissance rapide.

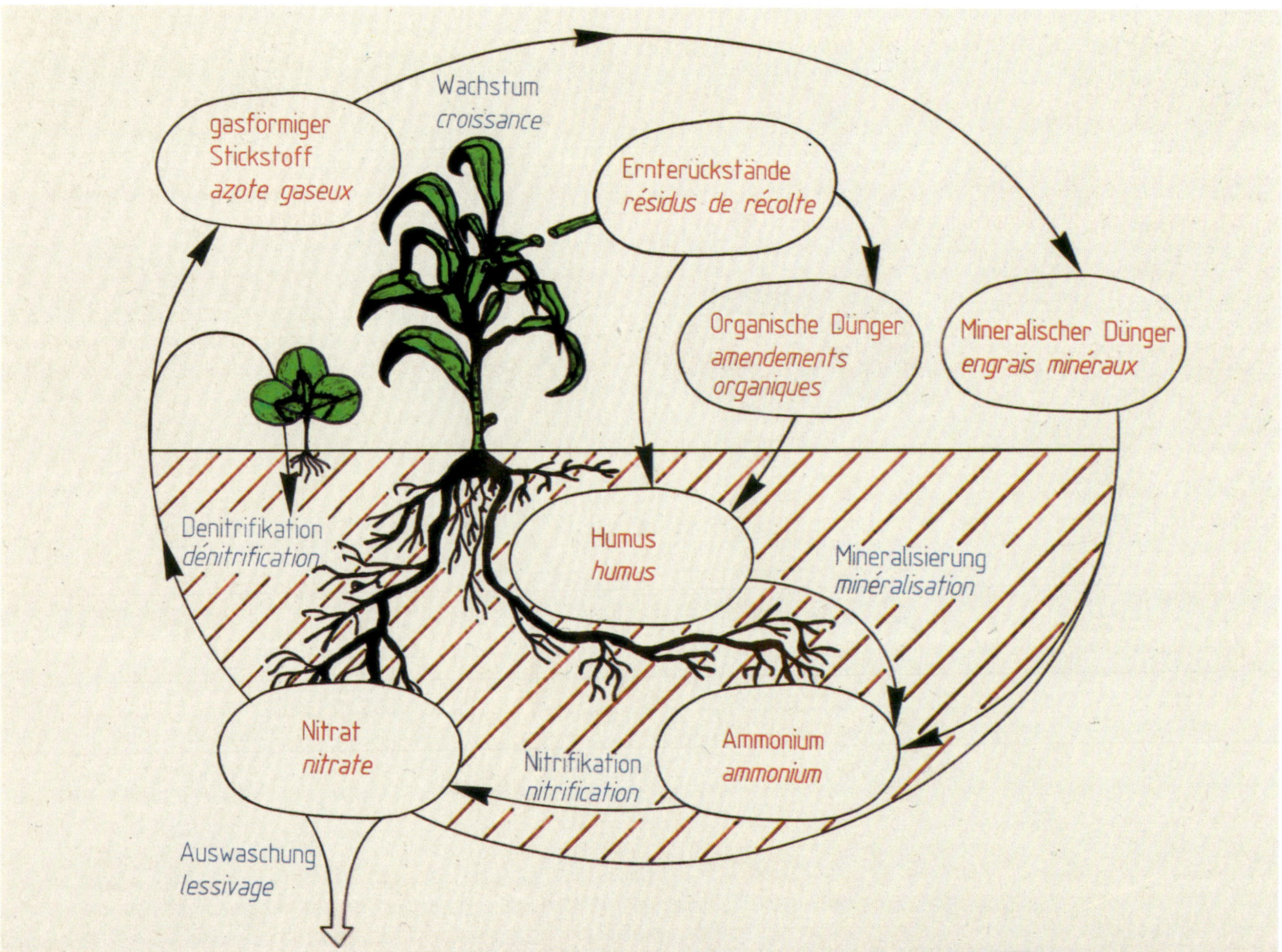

Nitrat ist eine gut wasserlösliche Stickstoffverbindung und stellt besonders für schnell wachsende Pflanzen einen unentbehrlichen Nährstoff dar.

Das Nitrat im Boden stammt aus

- der **Nitratfreilegung durch die Bodenlebewesen.** Beim Abbau der organischen Bodensubstanz wird Ammonium, eine einfache Stickstoffverbindung, freigesetzt (Stickstoff-Mineralisierung). In gut durchlüfteten Böden wird das Ammonium durch Bakterien rasch in Nitrat umgewandelt (Nitrifikation).
- dem **Dünger.** Da die Kulturpflanzen mehr Stickstoff benötigen, als im Boden nachgeliefert wird, ist im allgemeinen eine Stickstoffdüngung unerlässlich.

Nitrat ist im Boden sehr mobil und kann leicht ins Grundwasser ausgewaschen werden. Besonders gefährdet sind brachliegende Flächen mit geringer Vegetationsbedeckung.

Le nitrate est un composé azoté très soluble et représente un aliment indispensable aux plantes, spécialement celles à croissance rapide.

Dans le sol le nitrate provient:

- *de **l'activité des organismes.** La décomposition de la matière organique libère de l'ammonium, un composé azoté simple (minéralisation de l'azote). Dans les sols bien aérés, l'ammonium est rapidement transformé par les bactéries en nitrate (nitrification).*
- *des **engrais.** Les plantes cultivées ayant besoin de plus d'azote que le sol ne peut en fournir, un engrais azoté est en général indispensable.*

Le nitrate est très mobile dans le sol et peut être facilement entraîné dans la nappe phréatique. Cette menace est particulièrement prononcée sur les jachères à faible couvert végétal.

Boden und Landwirtschaft
Sol et agriculture

Durch eine saisongerechte Auswahl der Gemüse kann der Konsument seine Nitrataufnahme wesentlich senken.

En choisissant des légumes de saison, le consommateur peut notablement réduire son absorption de nitrates.

1

2

3

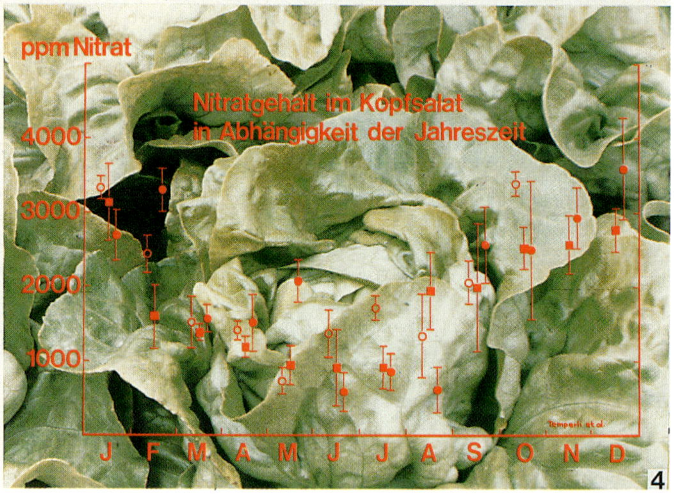

4

Nitrat gelangt mit der Nahrung und dem Trinkwasser in den menschlichen Körper; es wird aber auch im Körper selbst gebildet. Aus Nitrat kann über Zwischenstufen Nitrosamin entstehen, welches krebserzeugend wirkt.
Wieweit das Nitrat aus den Nahrungsmitteln schädlich wirkt, ist umstritten. Eine Verminderung der Nitrataufnahme scheint jedoch ratsam.

Massnahmen:

- **Konsument:** Saisongerechte Auswahl der Gemüse (1). Im Winter zeigt zum Beispiel Kopfsalat einen wesentlich höheren Nitratgehalt als im Sommer (4).
- **Produzent:** Massvolle Düngung und möglichst ganzjährige Bodenbedeckung (Grüneinsaat, 2) vermindern Nährstoffverluste.
- **Beratung:** Richtige Düngungsempfehlung aufgrund von Boden- und Produkteuntersuchungen (3).
- **Forschung:** Viele Vorgänge im Stickstoffkreislauf sind noch wenig bekannt. Die Kenntnis dieser Vorgänge ist wichtig für eine bessere Kontrolle des Nährstoffangebotes (4).

Les nitrates pénètrent dans le corps humain avec la nourriture et l'eau potable; mais ils peuvent aussi y être synthétisés. A partir des nitrates, il peut se former par étapes des nitrosamines qui sont cancérigènes.
On ne sait pas dans quelle mesure le nitrate des produits alimentaires est nocif. Il semble néanmoins opportun de réduire les quantités absorbées.

Mesures à prendre:

- ***Consommateur:*** *choisir des légumes de saison (1). La salade pommée par exemple contient plus de nitrates en hiver qu'en été (4).*
- ***Producteur:*** *une fumure mesurée et un couvert végétal maintenu si possible tout au long de l'année (engazonnement, 2) réduisent les pertes en substances nutritives.*
- ***Vulgarisation agricole:*** *conseils pour une fumure appropriée, basés sur l'analyse du sol et des produits agricoles (3).*
- ***Recherche:*** *beaucoup d'étapes du cycle de l'azote sont encore insuffisamment connues. Ces lacunes doivent être comblées pour mieux maîtriser l'offre en substances nutritives (4).*

Boden und Landwirtschaft
Sol et agriculture

Humusverluste führen im Weinbau zu Bodenverdichtungen und Pflanzenkrankheiten.

Les pertes d'humus en viticulture provoquent le tassement du sol et amènent les maladies des plantes.

Die organische Substanz im Boden (Humus) wirkt auch als Kittstoff. Sie verklebt die Bodenteilchen zu Krümeln.
Nimmt der Humusgehalt des Bodens stark ab, zerfallen die Krümel in kleine Einzelteilchen. Diese verstopfen die Bodenporen (1, 2); der Boden wird verdichtet. Im verdichteten Boden wird das Sickerwasser gestaut; die Wurzeln leiden unter Luftmangel. Die Reben erkranken (3).

Gründe für den starken Humusverlust sind
- zu häufige Bodenbearbeitung. Der Humusabbau durch die Bodenorganismen wird beschleunigt.
- das Fehlen einer Pflanzendecke. Die Bodenpilze und Bodenbakterien bauen den Humus ab, da sie sich nicht von abgestorbenen Wurzeln ernähren können.

Gegenmassnahmen:
- Bodenbearbeitung einschränken,
- Boden lockern durch Einsaat von tiefwurzelnden Pflanzen (4, 5).

La matière organique (humus) agit dans le sol à la façon d'un adhésif. Elle agglomère les particules du sol en grumeaux.
Si la quantité d'humus diminue par trop, les grumeaux se défont en particules fines qui obstruent les pores du sol (1, 2); le terrain se compacte. Dans ces sols, l'eau qui percole en conditions normales, est retenue: les racines étouffent. La vigne tombe malade (3).

Les pertes d'humus sont dues à:
- *un travail du sol trop fréquent. La décomposition de l'humus par les organismes du sol est accélérée.*
- *l'absence d'un couvert végétal. Les champignons et bactéries du sol décomposent l'humus car ils ne peuvent plus se nourrir des racines mortes.*

Contre-mesures:
- *limiter les travaux du sol,*
- *ameublir le sol par l'ensemencement de plantes à enracinement profond (4, 5).*

Auch im **Ackerbau** stellt die Bodenverdichtung ein wachsendes Problem dar. Im Gegensatz zum Weinbau handelt es sich hier jedoch vorwiegend um **mechanische Verdichtungen,** welche vor allem bei der Bearbeitung von zu nassen Böden entstehen.
Verdichtungen unmittelbar unter der Pflugschicht nennt man **Pflugsohlen.** Der nasse Boden wird durch Pflug und Traktorräder verschmiert und verdichtet. Bei Niederschlägen bleibt das Wasser über der Pflugsohle stehen. Auf nassen Böden führt der Raddruck auch zu oberflächlichen Verdichtungen.
Bodenverdichtungen verschärfen die **Erosionsgefahr,** da das Wasser nach Niederschlägen nur langsam versickern kann und deshalb oberflächlich abfliesst.

Vorbeugende Massnahmen:
- Boden nur in trockenem Zustand befahren,
- nicht immer gleich tief pflügen,
- nach Möglichkeit pfluglose Bodenbearbeitung wählen (Grubbern, Spaten),
- Fahrspuren lockern (Spurlockerer).

La compaction du sol touche de plus en plus les ***terres labourées.*** *Mais, contrairement à ce que l'on observe dans les vignes, elle est principalement d'origine* ***mécanique*** *et résulte avant tout du passage des machines quand le sol est mouillé.*
La zone comprimée située juste en dessous de la couche labourée est appelée ***semelle de labour.*** *Le sol y est lissé et tassé par la charrue et les roues du tracteur. Lorsqu'il pleut, l'eau stagne sur la semelle de labour. Sur sol mouillé, la pression des roues exerce un effet semblable en surface.*
La compaction du sol accentue le ***danger d'érosion,*** *car après les précipitations, l'eau ne peut s'infiltrer que lentement et la plus grande partie ruisselle en surface.*

Mesures préventives:
- *ne travailler le sol qu'en conditions sèches,*
- *ne pas labourer toujours à la même profondeur,*
- *opter selon les possibilités pour un travail du sol sans labour (chisel, bêche rotative),*
- *ameublir sous les traces de roues (effaceur de trace).*

Boden und Landwirtschaft
Sol et agriculture

Bodenerosion vermindert die Fruchtbarkeit und den Ertrag von Ackerflächen.

L'érosion du sol diminue la fertilité et le rendement des champs.

Zahlreiche Ackerflächen in der Schweiz sind durch Bodenerosion gefährdet.

Ursachen sind starke oder lang anhaltende Niederschläge sowie rasche Schneeschmelze. Fehler in der Bewirtschaftung begünstigen den Bodenabtrag: Bearbeitung hangabwärts (schafft künstliche Abflussbahnen), häufiger Einsatz schwerer Landmaschinen (führt zu Bodenverdichtungen, die Wassersickerung ist erschwert), fehlender Schutz des Bodens durch eine Vegetationsdecke.

Durch den Abtrag wird die Fruchtbarkeit des Bodens vermindert. Der Verlust von nährstoffreichem Oberboden bedingt eine zusätzliche Düngung, die ausgeschwemmten Nährstoffe belasten die Gewässer, und die Kulturpflanzen werden geschädigt.

Schutzmassnahmen:
- Bodenbearbeitung quer zum Hang,
- möglichst lange Vegetationsbedeckung (erweiterte Fruchtfolge, Zwischenfrucht),
- Lockerung der Fahrspuren,
- eingeschränkte Bodenbearbeitung.

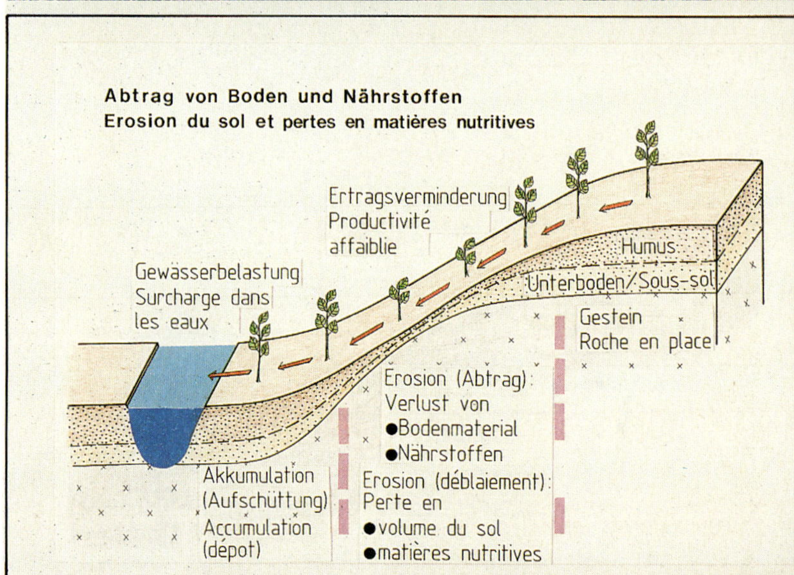

En Suisse beaucoup de surfaces labourées sont menacées par l'érosion.

Les causes en sont des pluies violentes ou persistantes, de même que de brusques fontes de neige. Des erreurs dans le mode d'exploitation agricole favorisent encore ce phénomène: labours dans le sens de la pente (création artificielle de voies de ruissellement), emploi fréquent de machines agricoles lourdes (compaction du sol, réduisant la pénétration de l'eau), absence de protection du sol par un couvert végétal.

La fertilité du sol est réduite par l'érosion. La perte de la couche superficielle du sol riche en éléments nutritifs nécessite une fumure supplémentaire, les substances nutritives emportées surchargent les eaux, et les plantes cultivées subissent des dégâts.

Mesures de protection:
- *labourer transversalement à la pente,*
- *maintenir un couvert végétal aussi longtemps que possible (assolement élargi, cultures dérobées),*
- *ameublir sous les traces de roues,*
- *réduire les travaux du sol.*

Bodenzerstörung durch Skipistenbau
Destruction du sol par la construction de pistes de ski

Skipistenplanierungen zerstören Boden und Vegetationsdecke und können zu schweren Erosionsschäden führen.

Les nivellements pour pistes de ski détruisent le sol et son couvert végétal; ils peuvent provoquer de gros dégâts d'érosion.

Seit Mitte der sechziger Jahre wurden in vielen Gebieten der Alpen Grossplanierungen für Skipisten durchgeführt.
Dabei wurde die wichtige Funktion von Boden und Vegetation nicht genügend beachtet. Der Boden speichert grosse Wassermengen und ermöglicht das Wachstum einer dichten Pflanzendecke, die den Hang vor Abtrag schützt.
Die in einem Zeitraum von Jahrtausenden gewachsenen Böden können sich nach der Zerstörung durch unsorgfältige Planierung nicht regenerieren. Auf den blossgelegten Flächen setzt häufig tiefgreifende Erosion ein, die sich ins Nachbargelände ausweiten kann.
Auf den feinerdearmen, steinigen Flächen gelingt auch in Höhen mit klimatisch ausreichenden Voraussetzungen (bis max. 2300 m ü. M.) eine Wiederbegrünung kaum.

Depuis le milieu des années 60 de nombreux et vastes nivellements ont été effectués dans les Alpes pour l'aménagement des pistes de ski.
A cette occasion on n'a pas prêté assez d'attention à la fonction du sol et de la végétation. Le sol retient une grande quantité d'eau et rend possible la présence d'un épais couvert végétal qui empêche le terrain d'être érodé.
Des sols qui ont mis des millénaires à se développer, ne peuvent se régénérer après des travaux effectués sans ménagement. Une érosion active s'attaque aux surfaces mises à nu et par extension peut affecter les zones environnantes.
Sur ces terrains caillouteux et sans humus le tapis végétal a peu de chances de se réinstaller, même quand les conditions climatiques sont suffisamment favorables (en dessous de 2300 m).

Kulturlandverlust
Perte de terres cultivées

Unser bestes Kulturland ist dem grössten Überbauungsdruck ausgesetzt.

La construction exerce sa plus forte pression sur nos meilleures terres cultivées.

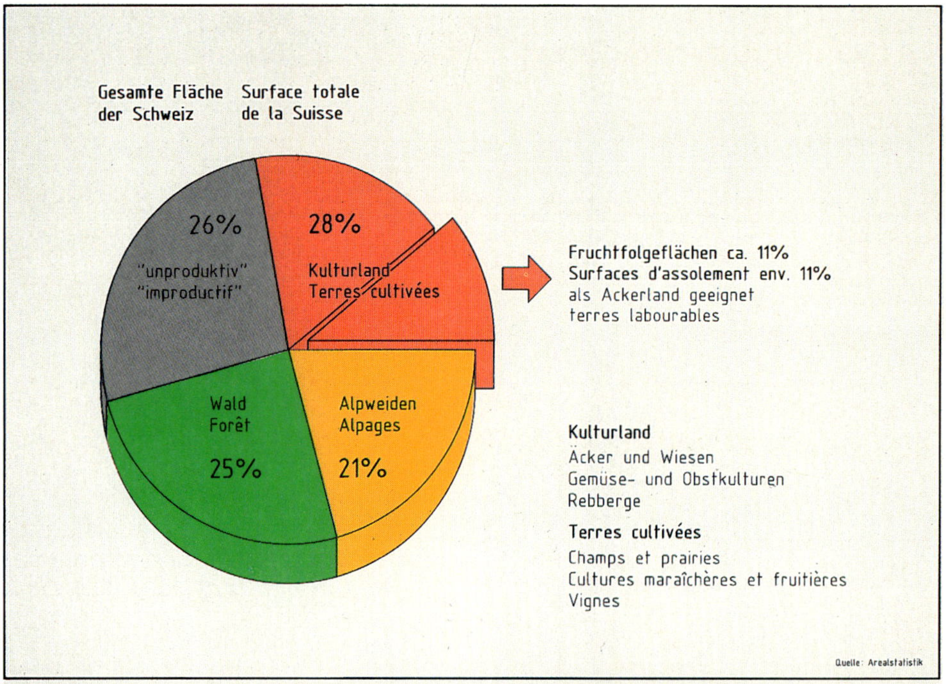

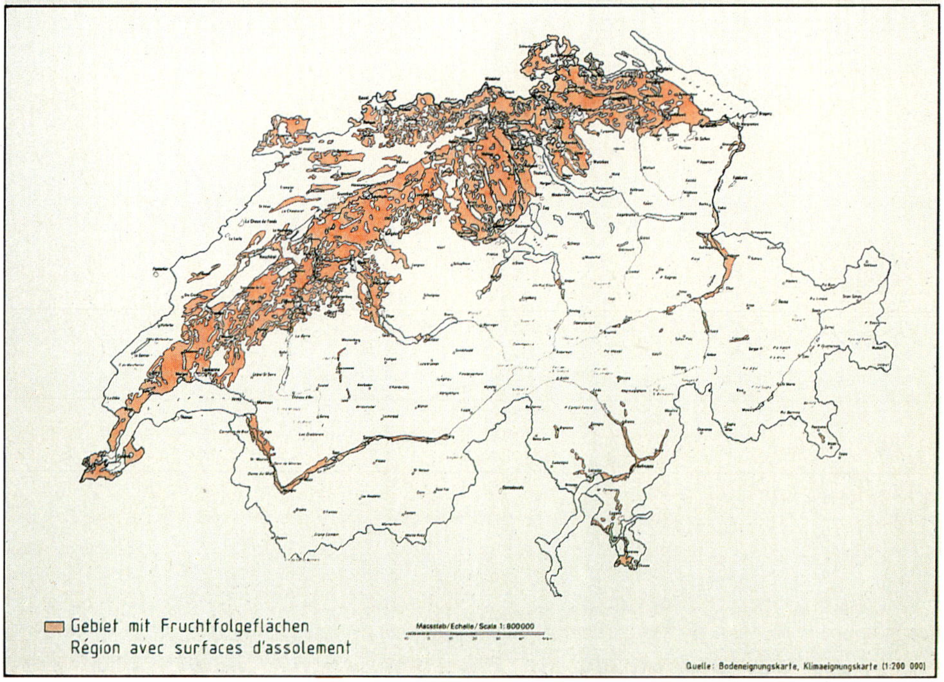

Rund ein Viertel unserer Landesfläche ist Kulturland. Doch nur ca. 11 % eignen sich als Ackerland (günstiges Klima, tiefgründige, gut bearbeitbare Böden).
Diese sogenannten **Fruchtfolgeflächen** sind in Krisenzeiten unsere Lebensgrundlage: Allein hier können Getreide, Kartoffeln und Gemüse in genügender Menge und Qualität produziert werden.

Die Karte zeigt, dass sich die Fruchtfolgeflächen im Mittelland konzentrieren. Dort aber sind sie am stärksten durch Überbauung gefährdet.

Un quart environ de la surface du territoire national est cultivé. Mais 11% seulement sont favorables à la culture (climat adéquat, sols profonds et faciles à travailler).
En cas de crise, ces ***surfaces d'assolement*** *sont nécessaires à notre survie, puisqu'elles seules permettent de produire une quantité suffisante de céréales, de pommes de terre et de légumes de bonne qualité.*

La carte montre que ces surfaces d'assolement sont concentrées dans le Moyen-Pays. Mais c'est là également qu'elles sont le plus menacées par les constructions.

Kulturlandverlust
Perte de terres cultivées

Die Zerstörung von Boden kann kaum mehr rückgängig gemacht werden.

La destruction du sol n'est pratiquement pas réversible.

Der Landwirt pflegt seine Felder und bebaut sie jedes Jahr aufs neue. Dabei bleibt die Fruchtbarkeit der Böden erhalten (bodenerhaltende Nutzung).
Eine Überbauung führt zum endgültigen Verlust von fruchtbarem Boden: Was sich in Jahrtausenden gebildet hat, wird in kurzer Zeit zerstört (bodenverbrauchende Nutzung).

L'agriculteur cultive ses champs avec soin et renouvelle ses cultures chaque année. Grâce à cela, les sols gardent leur fertilité (exploitation conservatrice des sols).
Une construction fait disparaître irrévocablement un sol fertile: ce qui a mis des millénaires à se former est détruit en un instant (exploitation consommatrice des sols).

Kulturlandverlust
Perte de terres cultivées

Pro Sekunde verlieren wir 1 m² Kulturland – im Tag die Fläche eines mittleren Bauernbetriebes.

A chaque seconde 1 m² de terre cultivée disparaît – ce qui équivaut à la surface d'un domaine agricole de taille moyenne chaque jour.

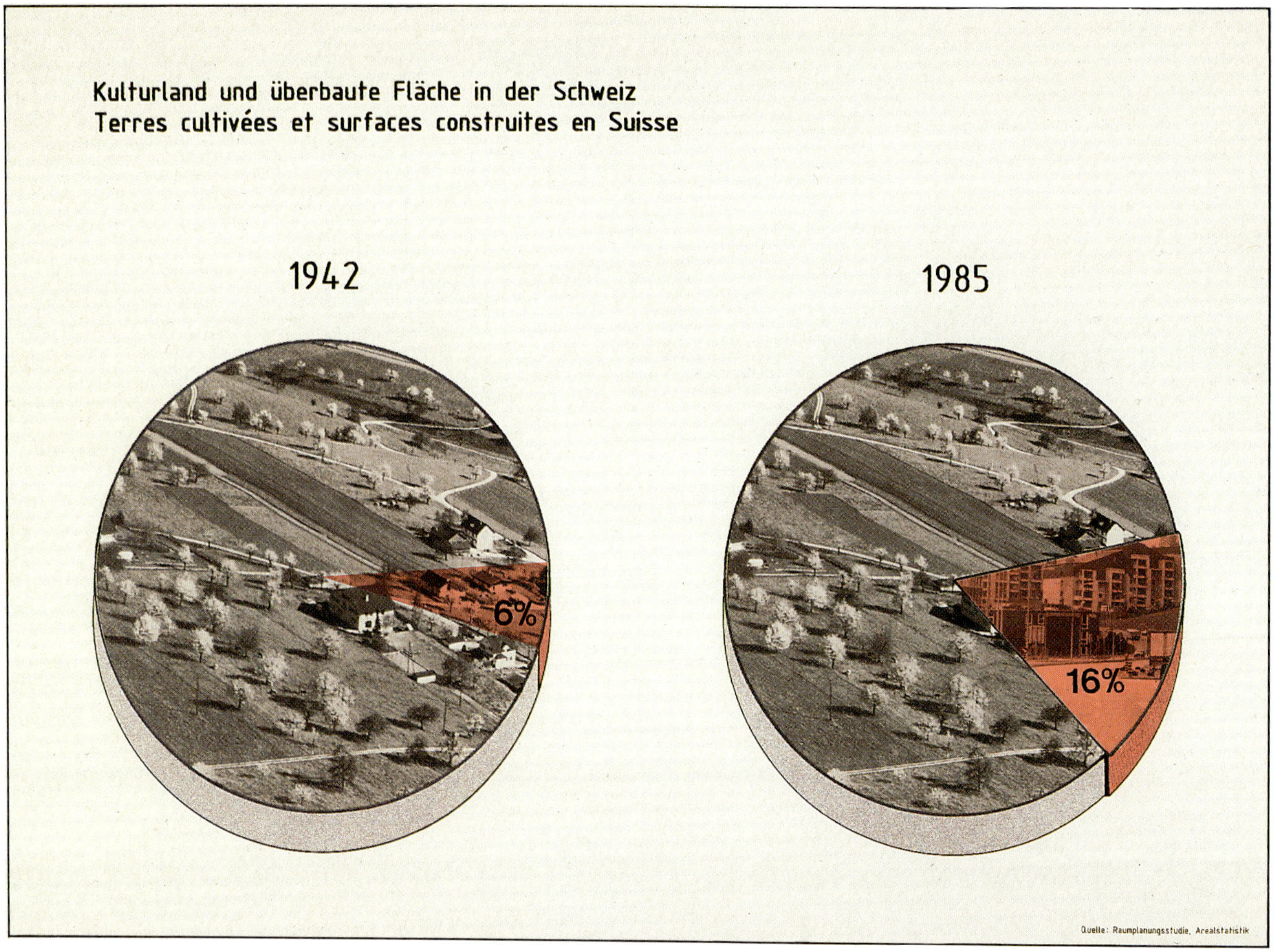

1942 waren in der Schweiz ca. 100 000 Hektaren Kulturland überbaut. Bis 1985 hat sich diese Fläche mehr als verdoppelt: 220 000 Hektaren entsprechen 16% unseres Kulturlandes.
Da sich etwa vier Fünftel der überbauten Flächen im Mittelland befinden, ging hauptsächlich wertvolles Ackerland verloren.

Bis jetzt konnten diese Verluste durch höhere Erträge wettgemacht werden (leistungsfähige Neuzüchtungen, vermehrter Düngereinsatz). Weitere Produktivitätssteigerungen sind jedoch beim heutigen Ertragsniveau kaum mehr möglich.

Das Landwirtschaftsareal dient nicht nur der Nahrungs- und Futtermittelerzeugung, sondern erfüllt – zusammen mit dem Wald – auch eine wichtige Funktion als Erholungsraum.

Mit der Zerstörung des besten Kulturlandes wird der Druck auf die verbleibenden Flächen ständig grösser. In zunehmendem Masse müssen auch weniger geeignete Standorte wie Hanglagen (Erosionsgefahr) oder vernässte, tonige Böden (Gefahr von Bodenverdichtung) ackerbaulich genutzt werden, was zwangsläufig zu Bodenschädigungen führt.
Vor allem unsere fruchtbarsten Böden müssen vor weiteren Eingriffen geschützt und der Landwirtschaft erhalten werden. Ein wichtiges Hilfsmittel dazu sind Bodeneignungskarten: Sie geben Aufschluss darüber, wo diese Böden liegen.

La Suisse de 1942 comptait 100 000 hectares de terres cultivées construites. En 1985 cette surface avait plus que doublé: 220 000 hectares, soit 16% de la surface agricole.
Comme les quatre cinquièmes des zones construites se trouvent dans le Moyen-Pays, ce sont les meilleures zones agricoles qui se sont le plus réduites.

Jusqu'à présent ces pertes ont été compensées par une augmentation des récoltes (nouvelles sortes plus productives, plus d'engrais). Il n'est toutefois guère possible d'élever encore le niveau de production atteint aujourd'hui.

La campagne ne fournit pas seulement des denrées alimentaires et fourragères, elle sert également – avec la forêt – de lieu de détente.

La disparition des meilleures terres agricoles accentue la pression sur les surfaces restantes. Toujours plus de terrains peu favorables doivent être labourés: sols en pente (risque d'érosion), mouillés, lourds (risque de compaction), avec des dégâts inévitables.
Nos sols les plus fertiles doivent être tout spécialement protégés de nouvelles atteintes et gardés pour l'agriculture. Les cartes d'aptitude des sols sont à cet égard un instrument particulièrement utile: elles indiquent où se trouvent ces sols.

Kulturlandverlust
Perte de terres cultivées

Beispiel Limmattal: Seit 1939 wurde zwischen Zürich und Baden fast die Hälfte des Kulturlandes überbaut.

L'exemple de la vallée de la Limmat: depuis 1939 presque la moitié des terres cultivées entre Zurich et Baden ont été construites.

In den Jahren 1939 bis 1980 verlor das Limmattal zwischen Zürich und Baden fast die Hälfte seines Kulturlandes. Rund 1600 Hektaren zumeist hochwertiges Ackerland wurde überbaut. Dies entspricht der Fläche von über 150 Bauernbetrieben.

Die Waldfläche – durch das Forstgesetz geschützt – blieb annähernd gleich gross.

Entre 1939 et 1980 la vallée de la Limmat entre Zurich et Baden a perdu presque la moitié de ses terres cultivées. Environ 1600 hectares de terrains agricoles, la plupart de grande valeur, ont été construits. Ce qui correspond à la surface de plus de 150 domaines agricoles.

Par contre la surface boisée – protégée par la loi forestière – s'est maintenue pratiquement telle quelle.

Kulturlandverlust
Perte de terres cultivées

Weitere Kulturlandverluste gefährden unsere Landesversorgung in Krisenzeiten.

De nouvelles pertes de terres cultivées mettraient en danger l'approvisionnement du pays en temps de crise.

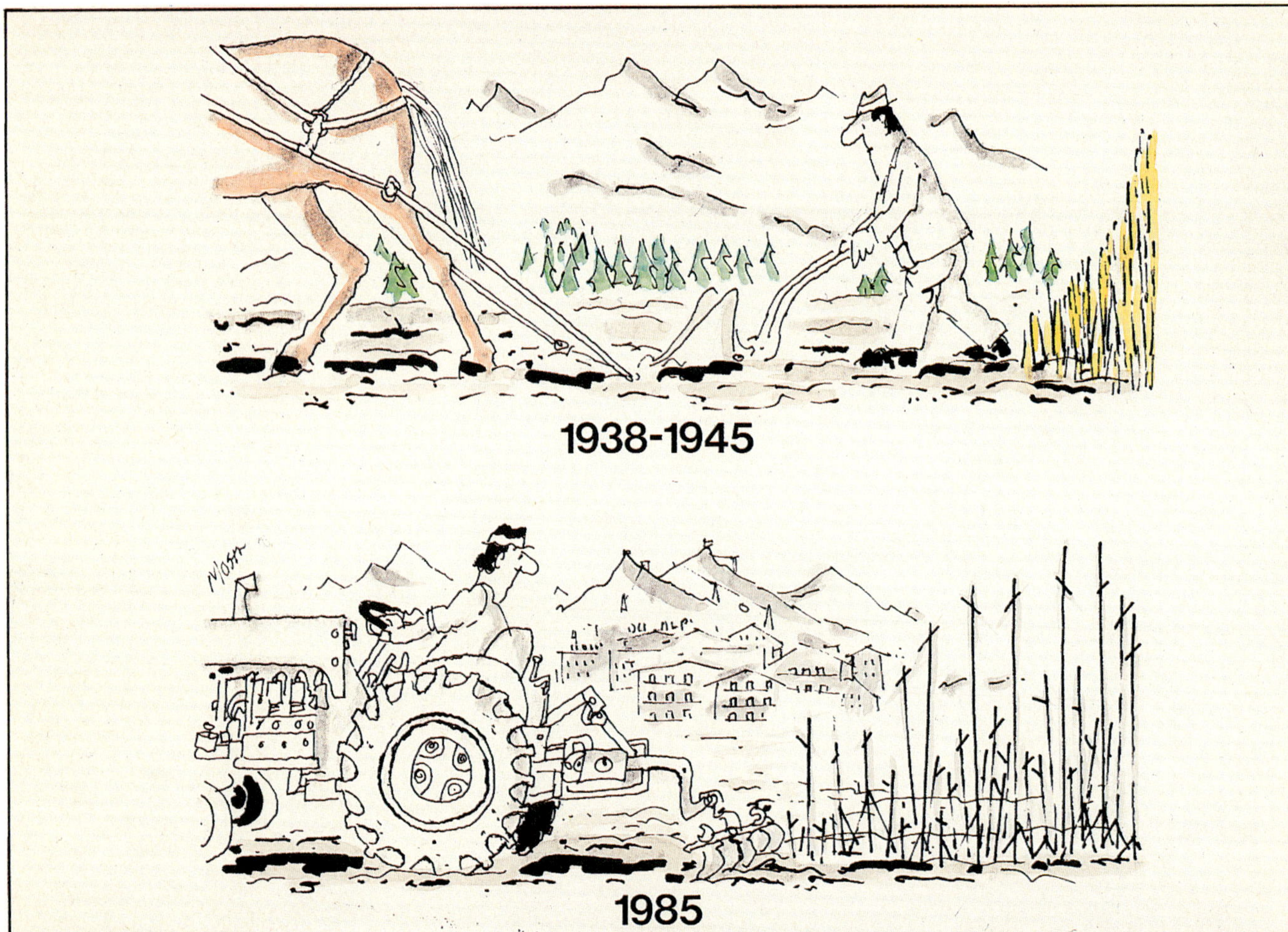

Quelle:Nebelspalter

Unsere Landwirtschaft deckt heute nur 55–60 % des Kalorienbedarfs der Bevölkerung.
Kann sich die Schweiz bei geschlossenen Grenzen noch selbst versorgen? Es ist zweifelhaft, ob die dazu benötigten 450 000 Hektaren Ackerland heute überhaupt noch zur Verfügung stehen. Einige Kantone erreichen die vom Bund (Ernährungsplan 80) festgelegte Fruchtfolgefläche nur, wenn auch für den Ackerbau weniger geeignete Gebiete miteinbezogen werden.

Notre agriculture ne couvre aujourd'hui que 55–60 % des besoins en calories de la population. Frontières fermées, la Suisse peut-elle encore s'autoravitailler? Il est douteux que même les 450 000 hectares qui lui seraient nécessaires soient encore disponibles aujourd'hui. Certains cantons n'atteignent leurs quota de surfaces d'assolement fixés par la Confédération (Plan alimentaire 80) qu'en ajoutant à leurs terres cultivables des zones relativement peu favorables.

Beispiel Kanton Bern

Im Ernährungsplan 80 sind dem Kanton Bern 90 800 ha Fruchtfolgefläche zugewiesen worden. Laut Erhebungen der bernischen Landwirtschaftsdirektion sind jedoch heute nur noch 88 500 ha vorhanden, von denen sich 4400 ha innerhalb der rechtsgültigen Bauzonen befinden. Selbst wenn das ganze in den Bauzonen liegende Ackerland ausgezont würde, fehlten also noch 2300 ha.

Exemple du canton de Berne

D'après le Plan alimentaire 80, le canton de Berne doit disposer de 90 800 ha de surfaces d'assolement. De fait il n'y en aurait plus actuellement, selon la Direction de l'agriculture bernoise, que 88 500 ha, dont 4400 en zone à bâtir. Même après déclassement de ceux-là, il en manquerait 2300 ha.

«Grund und Boden schmelzen dahin. Man müsste Massnahmen dagegen ergreifen, wirksame Massnahmen.»
«Notre plancher se rétrécit comme glace au soleil. Il faudrait prendre des mesures, des mesures vraiment efficaces.»

«Die Lage erfordert jedoch erst umfassende Abklärung. Für konkrete Schritte ist die Zeit noch nicht reif.»
«La situation demande une analyse complète. Le temps n'est pas mûr pour des dispositions concrètes.»

«Grundsätzliche, rechtliche und politische Erwägungen verlangen gebieterisch eingehendes Studium. Indessen scheint die Zeit für Entschlüsse langsam heranzureifen.»
«Des considérations de principe et de nature politico-juridique réclament impérativement une étude approfondie. L'heure des décisions approche lentement.»

«Eine gewisse Beschleunigung der Vorkehrungen zum Schutze von Grund und Boden beginnt allmählich in den Bereich unabweisbarer Dringlichkeit zu rücken.»
«Une certaine accélération des mesures pour la protection du sol atteint petit à petit un degré où l'urgence ne peut être reportée.»

«Die Reife der Zeit für energische Massnahmen kann als erwiesen betrachtet werden. Übereilte Entschlüsse jedoch könnten das grosse Werk nur kompromittieren.»
«On peut considérer que le temps est mûr pour des mesures énergiques. Mais des décisions hâtives ne peuvent que compromettre l'ensemble de l'entreprise.»

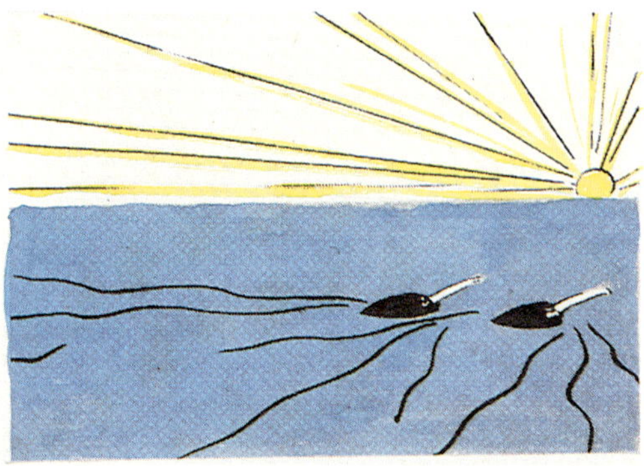

«Das Problem des Schutzes von Grund und Boden hat völlig unerwartet von selbst eine Lösung gefunden. Wir alle sind von der Entwicklung überrascht worden ...»
«Le problème de la protection du sol a, de façon inattendue, trouvé sa propre solution. Nous avons été tous surpris par le développement ...»

Nebelspalter, Nr. 25, 1966

Nebelspalter, No 25, 1966

Kulturlandverlust
Perte de terres cultivées

... durch Gesetze verhindern – durch Gesetze vermindern

... empêcher par la loi – réduire par la loi

Aus Bundesverfassung (BV) und Raumplanungsgesetz (RPG), gekürzt:

- zweckmässige Nutzung des Bodens (BV 22 quater)
- es sollen der Landwirtschaft genügende Flächen geeigneten Kulturlandes erhalten bleiben (RPG 3.2 a)
- Landwirtschaftszonen umfassen Land, das sich für die landwirtschaftliche Nutzung oder für den Gartenbau eignet (RPG 16.1 a)
- sind besonders geeignete Landwirtschaftsgebiete unmittelbar gefährdet, kann der Bundesrat vorübergehende Nutzungszonen bestimmen (RPG 37.1)

Sind die Gesetze in dieser Form geeignet, «eine ausreichende Versorgungsbasis zu sichern», wie dies Art. 1.2 d des Raumplanungsgesetzes fordert?
Oder brauchen wir zusätzliche Massnahmen wie:

- Absoluten Flächenschutz für gutes Kulturland, entsprechend dem Forstgesetz für den Wald
- Rückzonungspflicht eines bedeutenden Teils der Baulandreserve (ca. 100 000 ha) ohne Entschädigungen für entgangene Gewinne
- Vermeiden von allzu tiefen Ausnützungsziffern für Wohn- und Industriebauten

Auch seit Inkrafttreten des Raumplanungsgesetzes (1.1.1980) geht der Kulturlandverlust unvermindert weiter (ca. 3000 ha/Jahr).
Werden die vorhandenen Gesetze zu wenig streng angewendet oder sind sie ungenügend?

De la Constitution fédérale (CF) et de la loi sur l'aménagement du territoire (LAT), en bref:

- *utilisation judicieuse du sol (CF 22 quater)*
- *il convient de réserver à l'agriculture suffisamment de bonnes terres cultivables (LAT 3.2 a)*
- *les zones agricoles comprennent les terrains qui se prêtent à l'exploitation agricole ou horticole (LAT 16.1 a)*
- *lorsque les territoires particulièrement favorables à l'exploitation agricole sont directement menacés, le Conseil fédéral peut délimiter des zones d'affectation de caractère temporaire (LAT 37.1)*

Sous cette forme, les textes légaux sont-ils capables «de garantir des sources d'approvisionnement suffisantes» comme l'exige l'art. 1.2 d de la loi sur l'aménagement du territoire?
Ou bien faut-il d'autres mesures telles que:

- *une protection absolue des bonnes surfaces agricoles, analogue à la loi forestière*
- *le déclassement d'une partie importante des zones mises en réserve pour la construction (env. 100 000 ha), sans dédommagement pour le manque à gagner*
- *éviter de coefficients d'utilisation trop bas pour les immeubles d'habitation et industriels*

Depuis l'entrée en vigueur de la loi sur l'aménagement du territoire (1.1.1980), la perte des terres cultivées se poursuit à la même allure (env. 3000 ha/an).
Les lois actuelles sont-elles appliquées avec trop peu de rigueur, ou bien sont-elles insuffisantes?

Schadstoffe im Boden – Schwermetalle
Polluants dans le sol – les métaux lourds

Schwermetalle werden im Boden angereichert, da sie nicht abgebaut und kaum ausgewaschen werden.

Les métaux lourds s'accumulent dans le sol, car ils ne sont pas détruits et à peine lessivés.

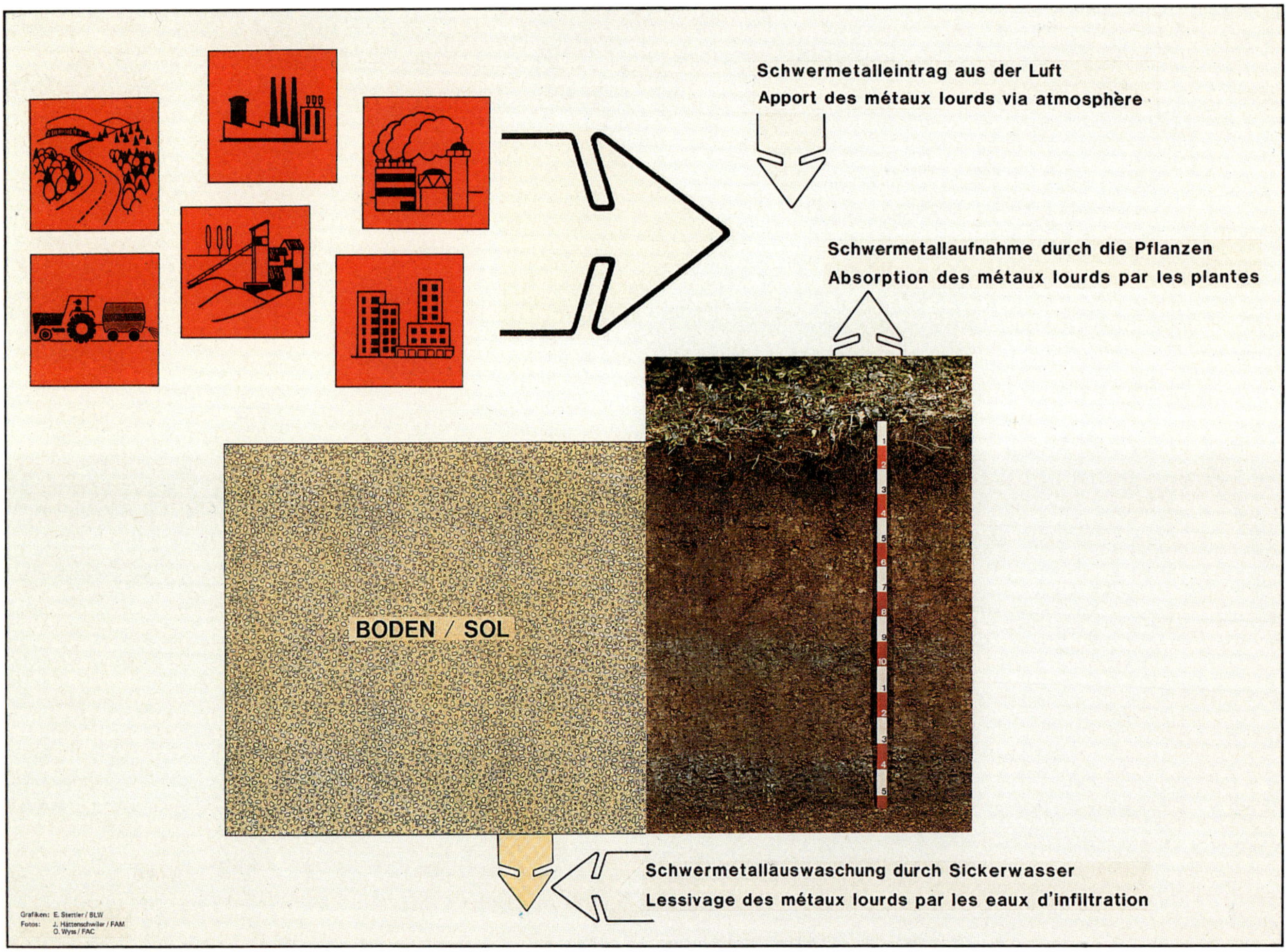

Bei der Bedrohung des Bodens durch Schadstoffe stehen die Schwermetalle im Vordergrund.
Als Schwermetalle bezeichnet man Metalle, deren Dichte über 5 g pro cm^3 liegt.

Einige dieser Metalle sind in kleinen Mengen für Pflanze, Tier und Mensch lebenswichtig, wie Kupfer (Cu), Zink (Zn), Mangan (Mn), Molybdän (Mo) und Eisen (Fe). Sie wirken als **Spurenelemente** oder Mikronährstoffe.
Daneben gibt es Schwermetalle wie Blei (Pb), Kadmium (Cd) und Quecksilber (Hg), denen nach dem heutigen Stand des Wissens keine positive Wirkung zugeschrieben wird.

Parmi les polluants qui menacent le sol, les métaux lourds viennent au premier rang.
On place dans cette catégorie les métaux qui ont une densité supérieure à 5 g par cm^3.

Certains en faibles quantités sont indispensables aux plantes, aux animaux et à l'homme: le cuivre (Cu), le zinc (Zn), le manganèse (Mn), le molybdène (Mo) et le fer (Fe). Ils agissent comme ***éléments-traces*** *ou comme micronutriments.*
A côté de ceux-ci il y a d'autres métaux lourds comme le plomb (Pb), le cadmium (Cd) et le mercure (Hg), qui n'ont – d'après les connaissances scientifiques actuelles – aucune action positive.

Schadstoffe im Boden – Schwermetalle
Polluants dans le sol – les métaux lourds

Die schädliche Wirkung der Schwermetalle im Boden ist eine Frage der Konzentration.

L'action nocive des métaux lourds dans le sol dépend de leur concentration.

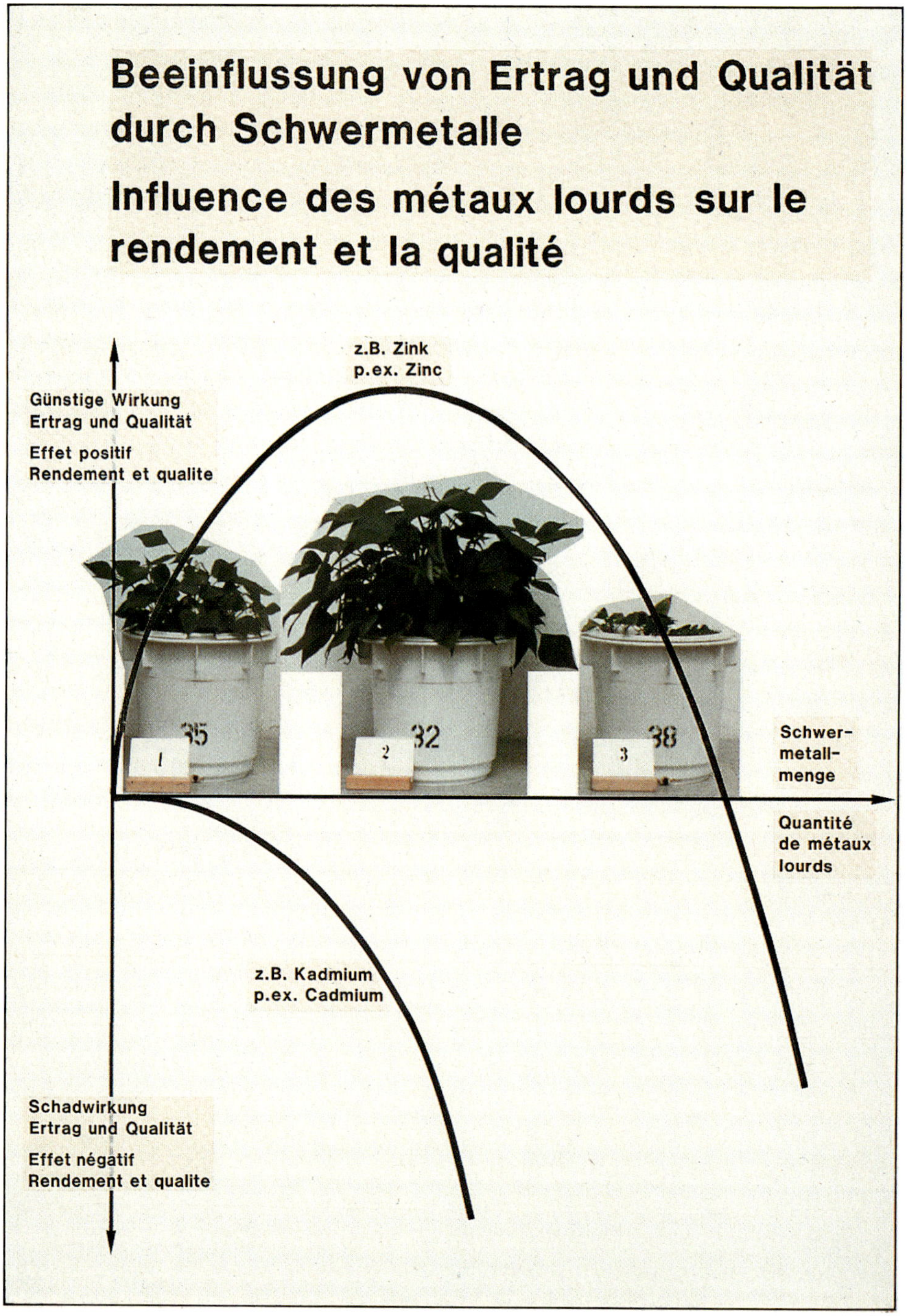

Zink ist für alle höheren Pflanzen, Tier und Mensch lebensnotwendig (essentiell). Zuviel Zink im Boden (Anreicherung) ist aber unerwünscht, da neben einer starken Störung des Pflanzenwachstums die Qualität der Produkte beeinträchtigt werden kann.

Kadmium ist nicht lebensnotwendig (nicht essentiell) und wirkt auf Bodenmikroorganismen, Pflanzen, Tiere und Menschen giftig (toxisch).

Es gilt deshalb, die auf den Boden gelangenden Mengen essentieller Elemente auf ein tragbares Mass zu reduzieren und die Belastung durch nicht essentielle Stoffe zu verhindern.

Richtwerte für Höchstgehalte an Schwermetallen in Böden der Schweiz (Verordnung über Schadstoffgehalte des Bodens, ab 1.1.1986 in Kraft)

Schwermetall	Totalgehalt mg/kg	Schwermetall	Totalgehalt mg/kg
Blei	50	Molybdän	5
Chrom	75	Nickel	50
Kadmium	1	Quecksilber	1
Kobalt	25	Thallium	1
Kupfer	50	Zink	200

Wo die wissenschaftlichen Grundlagen bereits vorhanden sind, werden neben den **Totalgehalten** auch Richtwerte für die sogenannten **löslichen Gehalte** (in 0,1 molarer Natriumnitrat-Lösung extrahierbare Schwermetalle) angegeben, da diese eine Beurteilung der biologischen Wirkung (Einfluss auf Pflanzen und Bodenorganismen) erlauben. Die Totalgehalte dagegen sind ein Mass für die gesamte Schwermetallbelastung des Bodens.

Als Überwachungsorgan der Verordnung über Schadstoffgehalte des Bodens wurde das **NABO** (**Na**tionales **Bo**denüberwachungsnetz) geschaffen. Mit diesem Netz soll die **allgemeine** Schadstoffbelastung der Böden langfristig und landesweit verfolgt werden.

*Le **zinc** est indispensable (essentiel) pour toutes les plantes supérieures, les animaux et l'homme. Mais trop de zinc dans le sol (enrichissement) est indésirable car la croissance des plantes est alors perturbée et leur valeur est moindre.*

*Le **cadmium** n'est pas indispensable à la vie (non essentiel) et a un effet toxique sur les microorganismes du sol, les plantes, les animaux et l'homme.*

Il faut donc réduire à un niveau supportable les dépôts d'éléments essentiels sur le sol et empêcher qu'il reçoive des éléments non essentiels.

Valeurs indicatives des teneurs maximales en métaux lourds dans les sols de Suisse (ordonnance sur les teneurs en polluants du sol, en vigueur dès le 1.1.1986)

Métal lourd	*Teneur totale mg/kg*	*Métal lourd*	*Teneur totale mg/kg*
Plomb	*50*	*Molybdène*	*5*
Chrome	*75*	*Nickel*	*50*
Cadmium	*1*	*Mercure*	*1*
Cobalt	*25*	*Thallium*	*1*
Cuivre	*50*	*Zinc*	*200*

*Là où existent déjà des données scientifiques, on donne en plus de la **teneur totale,** les valeurs indicatives de la **teneur soluble** (métaux lourds extractibles dans une solution 0,1 mol de nitrate d'ammonium), car celles-ci permettent de juger l'effet biologique (influence sur les plantes et organismes du sol). Les teneurs totales sont par contre une mesure de la charge totale du sol en métaux lourds.*

*Pour servir d'organe de surveillance à l'ordonnance sur les polluants du sol, on a créé le **NABO** (**Na**tionales **Bo**denüberwachungsnetz ou Réseau national de surveillance des sols). Celui-là doit permettre de suivre l'évolution de la charge **générale** en polluants des sols, à longue échéance et sur tout le pays.*

Schadstoffe im Boden – Schwermetalle
Polluants dans le sol – les métaux lourds

Bis heute sind in der Schweiz nur eng begrenzte Flächen mit Schwermetallen angereichert.

Jusqu'à présent en Suisse seules quelques surfaces restreintes sont enrichies en métaux lourds.

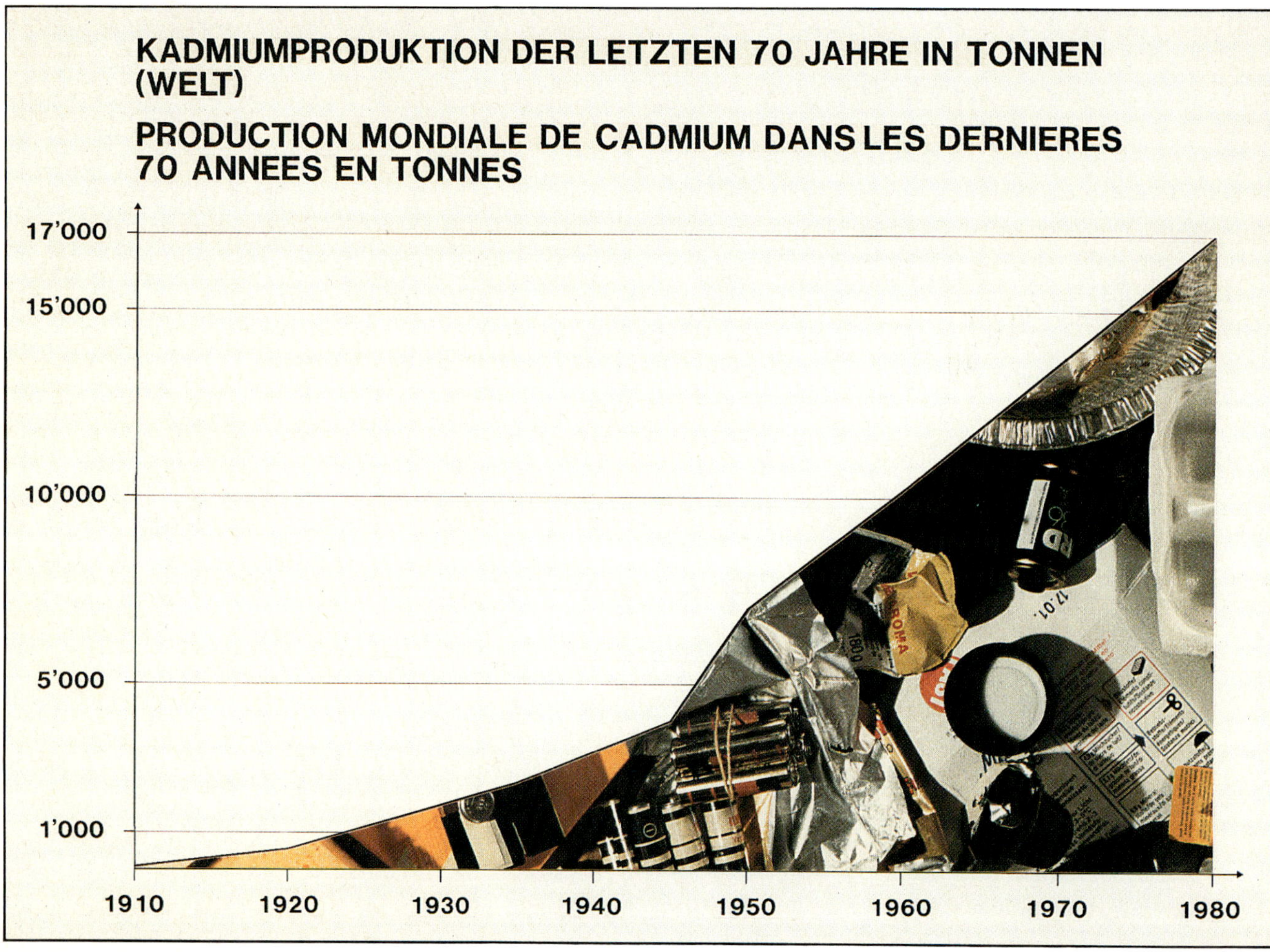

Wenn wir wollen, dass unsere Böden auch in Zukunft fruchtbar bleiben, müssen wir

- unseren Verbrauch an Schwermetallen drastisch senken,
- die Wegwerfmentalität überwinden,
- problematische Schwermetalle, wo immer dies möglich ist, durch harmlosere Stoffe ersetzen,
- die Schwermetallgehalte in den Niederschlägen reduzieren durch Reinigung der Abgase von Autos, Heizungen, Industriewerken und Kehrichtverbrennung,
- schwermetallhaltige Abfälle der Wiederverwertung zuführen (Recycling), statt sie ins Abwasser zu leiten oder in den Kehricht zu werfen.

Si nous voulons que nos sols restent fertiles à l'avenir, nous devons:

- *réduire énergiquement notre consommation en métaux lourds,*
- *renoncer à la mentalité du «jetable»,*
- *remplacer chaque fois que c'est possible les métaux lourds par des substances inoffensives,*
- *réduire la quantité de métaux lourds dans les pluies par épuration des gaz émis par les voitures, les chauffages, l'industrie et les usines d'incinération,*
- *recycler les déchets contenants des métaux lourds, plutôt que les déverser dans les eaux ou les jeter aux ordures.*

Schadstoffe im Boden – Fluor
Polluants dans le sol – le fluor

Schadstoff-Grenzwerte sind wirksam: Neue Filter verringerten den Fluorausstoss aus den Aluminiumhütten im Wallis deutlich.

Des valeurs-limites pour les polluants sont efficaces: les nouveaux filtres des usines d'aluminium en Valais ont nettement réduit les émissions de fluor.

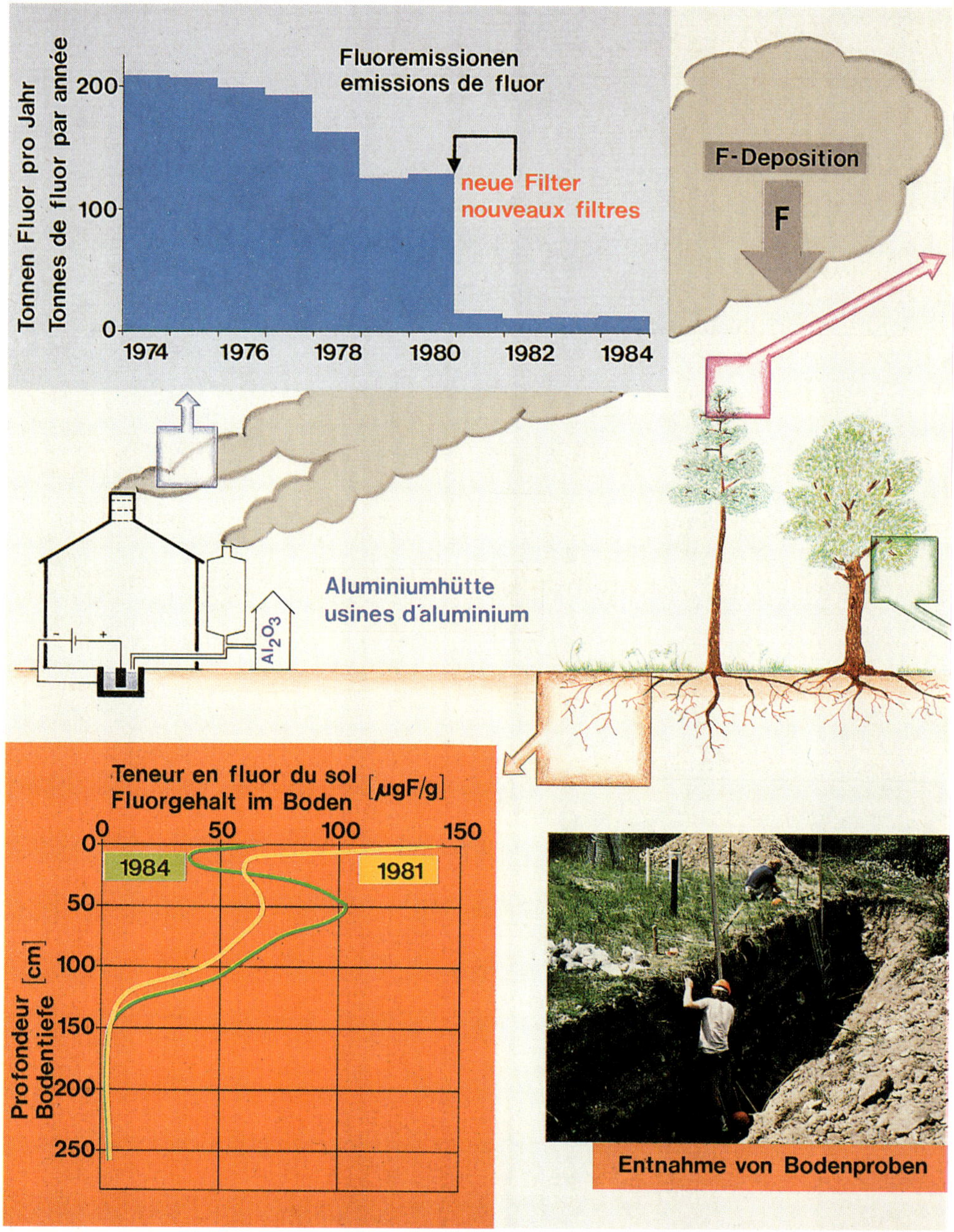

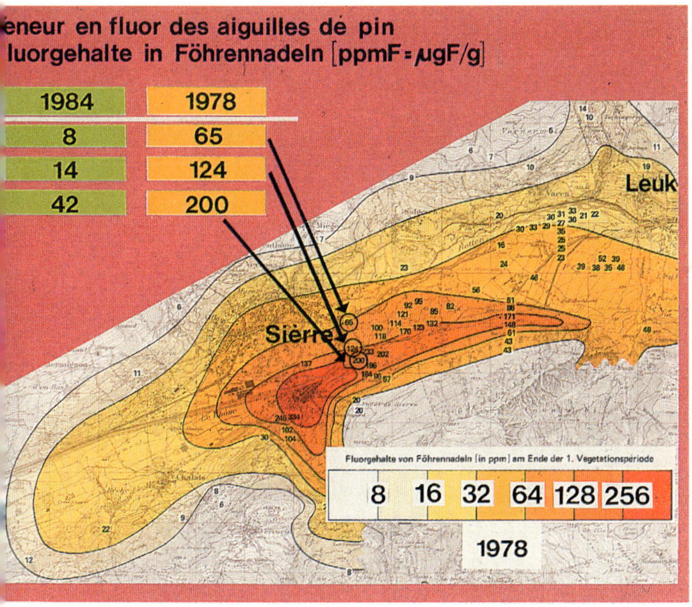

Dégâts causés par le fluor

Fluorschäden

Le même arbre s'étant remis

Die Fluorsymptome sind verschwunden

Während Jahrzehnten gelangten aus den Aluminiumhütten im Wallis bedeutende Mengen an Fluor in die Umwelt.

Die 1978 erlassenen Grenzwerte für den Fluorgehalt der Abluft zeigen heute ihre Wirkung: Die nähere Umgebung der Werke ist wesentlich weniger mit Fluor belastet.

- Das im Boden seit 1908 angereicherte Fluor wurde innerhalb kurzer Zeit aus der Humusschicht ausgewaschen.
- Bis 1981 zeigten Eichenblätter in 300 m Entfernung von der Fabrik deutliche Nekrosen (= abgestorbenes Gewebe). Seit dem Einbau der neuen Filteranlagen (1981) trägt die gleiche Eiche wieder gesunde Blätter.

Die Fluorbelastung der Pflanzen ist heute viel kleiner, aber immer noch feststellbar.

Pendant des décennies d'importantes quantités de fluor en provenance des usines d'aluminium du Valais ont été répandues dans l'environnement.

Les valeurs-limites, édictées en 1978, du taux en fluor des émissions gazeuses, montrent bien aujourd'hui leur efficacité: les environs immédiats des usines sont substantiellement moins chargés en fluor.

- *Le fluor accumulé depuis 1908 dans le sol a été lessivé de la couche humifère sur une courte période.*
- *Jusqu'en 1981 les feuilles des chênes ont montré d'évidentes nécroses (= tissus morts) dans un rayon de 300 m autour de l'usine. Depuis l'installation des nouveaux filtres (1981), les mêmes chênes ont des feuilles saines.*

La charge en fluor des plantes est aujourd'hui bien plus faible, mais encore toujours observable.

Schadstoffe im Boden – Fluor
Polluants dans le sol – le fluor

Fluor beeinflusst die Tätigkeit der Bodenorganismen und stört das chemische Gleichgewicht im Boden.

Le fluor influence l'activité des organismes du sol et perturbe l'équilibre chimique du sol.

Fluor stört das Wachstum der Mykorrhizapilze

Le fluor perturbe la croissance des champignons mycorhiziens

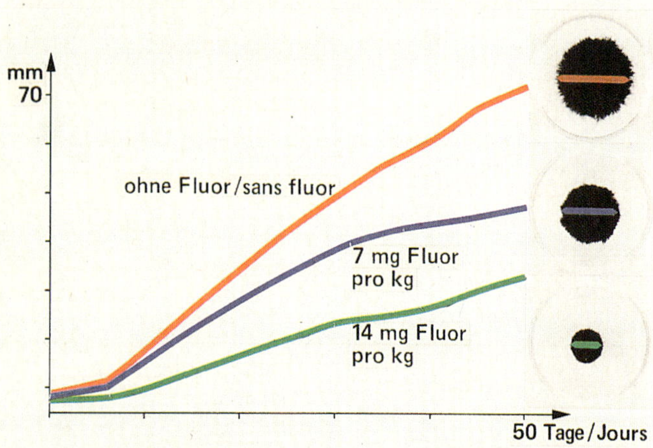

Durchmesser von Pilzkolonien auf künstlichen Nährboden
Diamètre des colonies de champignons sur milieu nutritif artificiel

mit Mykorrhizapilzen
avec champignons mycorhiziens

Fichte
Epicéa

ohne Mykorrhizapilze
sans champignons mycorhiziens

Mykorrhizapilze auf einer Föhrenwurzel
Mycorhizes de pin sylvestre

Die Bodenpilze sind als Mykorrhizapilze wichtig für das Wachstum der Waldbäume.

Les champignons mycorhiziens sont importants pour la croissance des essences forestières.

Luftverunreinigungen können die biologischen und chemischen Vorgänge im Boden beeinflussen.

Fluor

- hemmt das Wachstum der Bodenpilze. Jede Störung der Symbiose (= Zusammenleben) von Wurzeln und Bodenpilzen kann die Waldbäume schädigen.
- stört die Tätigkeit der Bodenbakterien. Bodenbakterien steigern die Bodenfruchtbarkeit.
- macht Humusbestandteile und Aluminium wasserlöslich. Durch die Auswaschung von Humus werden die Lebensbedingungen für die Bodenlebewesen verschlechtert. Hohe Aluminiumkonzentrationen sind für die Pflanzen giftig.

Da diese Wirkungen von der Fluorkonzentration abhängen, verringert ein reduzierter Fluorausstoss das Ausmass der Schädigungen.

Les pollutions de l'air peuvent influencer les processus biologiques et chimiques dans le sol.

Le ***fluor***

- *inhibe la croissance des champignons du sol. Toute perturbation de la symbiose (= association) entre racines et champignons du sol peut être dommageable aux arbres de la forêt.*
- *perturbe l'activité des bactéries du sol qui augmentent la fertilité.*
- *solubilise des particules d'humus et l'aluminium. Le lessivage d'humus détériore les conditions de vie des organismes du sol. De fortes concentrations d'aluminium sont toxiques pour les plantes.*

Comme ces effets dépendent de la concentration en fluor, une réduction des émissions diminue les dégâts.

Die Geschichte des Fluorproblems im Wallis lieferte auf einige Fragen unerwartet klare Antworten:

- Wurden die beobachteten Waldschäden durch das Fluor verursacht?
- Sind durch Luftverunreinigungen verursachte Schäden an Pflanzen und Boden reversibel (rückgängig zu machen)?
- Wenn ja, wie schnell erholen sich Waldökosysteme?

Seit 1913 wurden im Wallis zahlreiche Untersuchungen über behauptete Fluorschäden an Pflanzen und Böden durchgeführt. Diese Arbeiten lieferten **Hinweise,** dass es sich bei den Schäden im Nahbereich der Aluminiumhütten um Fluorschäden handelt.

Erst die rund 10fache Reduktion des Fluorausstosses nach dem Einbau neuer Filteranlagen brachte den **Beweis**: Die Vegetation erholte sich innert Jahresfrist.

In der Trockenperiode des Jahres 1983 konnte man an den neugebildeten Föhrennadeln wieder die für Fluorschäden typischen Symptome beobachten, obschon der Fluorausstoss deutlich unter den erlaubten Höchstwerten lag: Der schädigende Einfluss von Luftverunreinigungen wird durch natürlichen Stress erhöht.

L'affaire du fluor en Valais a fourni de façon inattendue des réponses claires à quelques questions:

- *les dégâts observés aux forêts ont-ils été causés par le fluor?*
- *les dégâts aux plantes et au sol dûs à la pollution de l'air sont-ils réversibles?*
- *si oui, à quelle vitesse se rétablit l'écosystème forestier?*

Depuis 1913 de nombreuses études ont été menées en Valais sur les dégâts aux plantes et au sol supposés dûs au fluor. Ces travaux ont simplement fourni la ***présomption*** *que dans les zones proches des usines d'aluminium, les dégâts pouvaient être dûs au fluor.*

Mais c'est la réduction de 10 fois des émissions de fluor après la mise en service d'un nouveau filtre qui en a apporté la ***preuve:*** *la végétation se rétablissait d'une année à l'autre.*

Pendant la période sèche de 1983, on a pu observer à nouveau sur les aiguilles de pins nouvellement formées des symptomes typiques de dégâts dûs au fluor, et cela malgré des émissions nettement en dessous des maxima autorisés: l'effet nuisible de la pollution de l'air est accentué par des conditions naturelles de stress.

Boden – Bodenversauerung
Acidification du sol

In sauren Böden (pH-Werte unter 5,9) werden Schwermetalle löslich. Sie werden durch die Pflanzen aufgenommen und können giftig wirken.

Dans les sols acides (pH inférieur à 5,9) les métaux lourds sont solubles. Ils sont absorbés par les plantes et peuvent devenir toxiques.

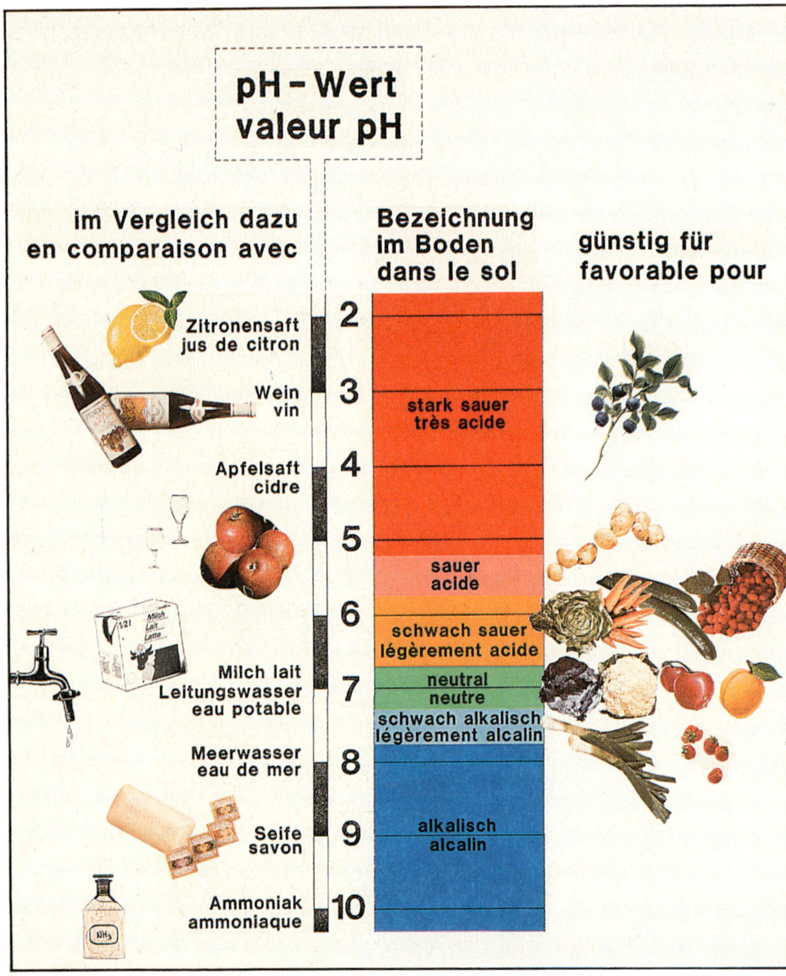

Wirkung von Zink bei verschiedenen pH-Werten im Boden

Effets du zinc en rapport avec differents valeurs pH de sol

pH 5,6 Lattich / laitue

Zinkzugabe (mg Zink pro kg Boden)
Adjonction de zinc (mg zinc par kg sol)

0 40 120 360 720

pH 7,4 Lattich / laitue

Zinkzugabe (mg Zink pro kg Boden)
Adjonction de zinc (mg zinc par kg sol)

0 40 120 360 720

Der Säuregrad eines Bodens wird als pH-Wert ausgedrückt. Für die meisten landwirtschaftlichen Kulturpflanzen sind pH-Werte zwischen 6,0 und 7,5 günstig.

Gründe einer Bodenversauerung können sein:
- saure Niederschläge (Schwefel- und Stickoxide, Kohlendioxid),
- erhöhte Basenauswaschung durch sauer wirkende Düngung oder wegen zu intensiver Bodenbearbeitung.

Gegenmassnahmen:
- Verminderung der sauren Niederschläge durch Rauchgas- und Abgasreinigung,
- Basenzufuhr (Kalzium, Magnesium), beispielsweise durch Kalkdüngung oder basisch wirkende Düngemittel,
- vielseitige Fruchtfolge ohne Brachflächen.

Le degré d'acidité d'un sol est exprimé par son pH. Pour la majorité des plantes cultivées les meilleures valeurs de pH se situent entre 6,0 et 7,5.

Les raisons d'une acidification du sol peuvent être:
- *les pluies acides (chargées d'oxydes de soufre et d'azote, de gaz carbonique),*
- *augmentation du lessivage des bases sous l'effet d'une fumure acidifiante ou par suite d'un travail du sol trop intensif.*

Contre-mesures:
- *diminution des pluies acides par épuration des gaz de fumée et des gaz d'échappement,*
- *apport de bases (calcium, magnésium) par exemple avec un amendement calcaire ou un engrais à action basique,*
- *assolement varié, sans jachère.*

Folgen der Bodenversauerung
- Erhöhte Beweglichkeit von Schwermetallen
  Bereits wenig unterhalb von pH 6 sind die Schwermetalle Kadmium, Nickel und Zink so schwach an die Bodenbestandteile gebunden, dass sie von den Pflanzen aufgenommen werden können.
- Aluminiumtoxizität
  Unterhalb von pH 4,5 steigt die Konzentration der Aluminiumionen in der Bodenlösung meist stark an. In höherer Konzentration wirken Aluminiumionen giftig auf die Pflanzen und beeinträchtigen das Wachstum.
- Schlechte Wirkung von Düngemitteln
  Obwohl saure Böden nährstoffarm sind, führen Düngemittel häufig nicht zu einer Ertragssteigerung.
- Kalzium- und Magnesiumarmut
  Saure Böden sind meist arm an pflanzenverfügbarem Kalzium und Magnesium.

Conséquences de l'acidification du sol
- *Mobilité accrue des métaux lourds*
  A un pH à peine inférieur à 6, les métaux lourds cadmium, nickel et zinc sont si faiblement retenus dans le sol qu'ils peuvent être absorbés par les plantes.
- *Toxicité de l'aluminium*
  A des pH inférieur à 4,5, la concentration des ions aluminium en solution dans l'eau du sol s'élève en général fortement. A de hautes concentrations les ions aluminium ont une action toxique sur les plantes et entravent leur croissance.
- *Mauvaise efficacité des engrais*
  Quoique les sols acides soient pauvres en substances nutritives, les engrais n'y entraînent pas une augmentation des récoltes.
- *Pauvreté en calcium et magnésium*
  Les sols acides sont le plus souvent pauvres en calcium et en magnésium disponibles pour les plantes.

Nationales Forschungsprogramm «Boden»
Programme national de recherche «sol»

Im Auftrag des Bundesrates wird ein Nationales Forschungsprogramm mit dem Thema «Nutzung des Bodens in der Schweiz» durchgeführt.

Sur demande du Conseil fédéral, un programme national de recherche intitulé «Utilisation du sol en Suisse» a été mis sur pied.

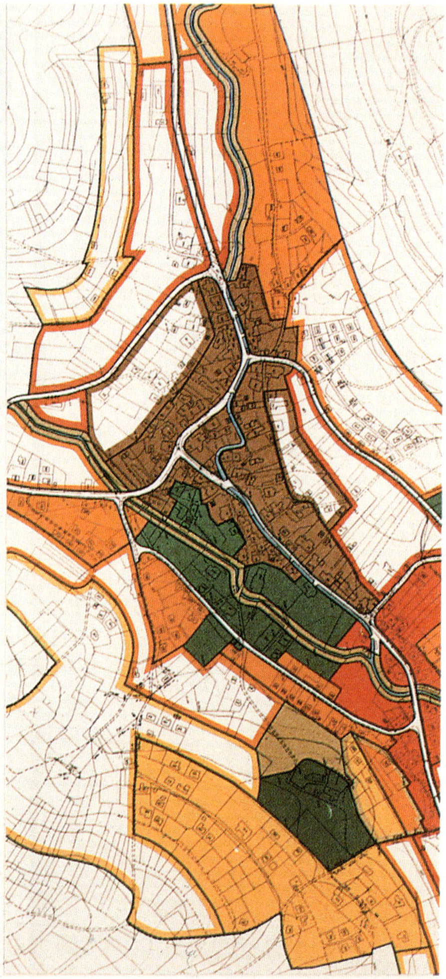

Der Bundesrat hat den Schweizerischen Nationalfonds beauftragt, ein Nationales Forschungsprogramm mit dem Thema «Nutzung des Bodens in der Schweiz» durchzuführen.
Das Forschungsprogramm soll 5 Jahre dauern. Die Arbeiten sind 1985 angelaufen. Es stehen 10 Millionen Franken zur Verfügung.
Drei Hauptfragen sollen beantwortet werden:
1. Wie können wir die Fruchtbarkeit des Bodens langfristig erhalten?
2. Wie können wir die Verluste an gewachsenem Boden verringern?
3. Wie können wir die Nutzung und Verteilung des Bodens besser ordnen?

Le Conseil fédéral a chargé le Fonds national suisse de mener à bonne fin un programme national de recherche sur le thème «Utilisation du sol en Suisse».
Ce programme doté de 10 millions de francs, s'étendra sur 5 ans et débutera en 1985.
Trois questions principales doivent trouver réponse:
1. Comment peut-on maintenir à terme la fertilité du sol?
2. Comment peut-on freiner la perte des sols naturels?
3. Comment peut-on mieux utiliser le sol et fixer ses affectations?

Vor allem im Bereich der grossen Industrie- und Verwaltungszentren haben die Beanspruchung und die Belastung des Bodens das erträgliche Mass überschritten. Andernorts dagegen wird auf die bisherige Nutzung des Bodens verzichtet.
Im Rahmen des Nationalen Forschungsprogrammes «Boden» soll zuerst abgeklärt werden, welche Gefahren dem Boden drohen und wo unsere Kenntnisse noch ungenügend sind. Aus heutiger Sicht die grössten Bedrohungen sind die massiven Verluste an natürlichem Boden als Folge einer übermässigen Bautätigkeit, Fehlentwicklungen in der Verwendung des Bodens und die Beeinträchtigung der Bodenqualität durch Schadstoffe und durch unsachgemässe Bewirtschaftung.
Das Forschungsprogramm will sich aber nicht darauf beschränken, die heutigen und zukünftigen Verhältnisse zu beschreiben. Aufbauend auf ihren Erkenntnissen sollen die Wissenschaftler konkrete Vorschläge ausarbeiten, wie die wachsenden Bodenprobleme gelöst werden können.

C'est autour des grands centres industriels et urbains que la pression sur les sols a dépassé la limite du supportable, alors qu'ailleurs des sols sont abandonnés.
Il s'agit d'abord dans le cadre du Programme national de recherche «sol», de déterminer les dangers que court le sol et de cerner les lacunes dans nos connaissances. Il apparaît actuellement que les plus grandes menaces sont les pertes massives des terrains naturels devant l'expansion démesurée des constructions, des orientations erronnées dans l'utilisation des sols et les dommages dûs aux polluants et certaines pratiques agricoles inadaptées.
Le programme de recherche ne veut cependant pas se limiter à une description des conditions actuelles et futures. Les scientifiques devront, à partir de leurs connaissances, élaborer des propositions concrètes sur la façon de régler les problèmes grandissants concernant le sol.

Nationales Forschungsprogramm «Boden»
Programme national de recherche «sol»

Wissenschaftler verschiedenster Disziplinen untersuchen gemeinsam, wie wir unseren Boden haushälterisch nutzen können.

Des scientifiques de diverses disciplines étudieront en commun comment utiliser nos sols tout en les ménageant.

Die Ergebnisse des Nationalen Forschungsprogrammes «Boden» sollen Behörden, Politikern, Verantwortlichen in Wirtschaft und Organisationen aufzeigen, wie sie die wachsenden Bodenprobleme lösen können.

Zur Mitarbeit wurden aufgerufen:

- Naturwissenschaftler, Techniker, Oekonomen, Juristen, Soziologen. Sie beschaffen die nötigen Erkenntnisse.
- Journalisten und Medienfachleute, Lehrer aller Stufen. Sie leiten diese Erkenntnisse an die Bevölkerung weiter.

Über das Programm wird periodisch in einem Bulletin informiert. Auskünfte:

Programmleitung
Nationales Forschungsprogramm «Boden»
Bundesrain 20
3003 Bern

Les résultats du Programme national de recherche «sol» doivent montrer aux autorités, politiciens, responsables économiques et de diverses organisations comment ils peuvent résoudre les problèmes croissants concernant le sol.

Sont appelés à collaborer:

- *naturalistes, techniciens, économistes, juristes, sociologues. Ils rassemblent les connaissances nécessaires.*
- *journalistes et spécialistes des médias, enseignants de tous les niveaux. Ils transmettent ces connaissances à la population.*

Un bulletin informe périodiquement sur le déroulement du programme. Renseignements auprès de:

Direction du programme
Programme national de recherche «sol»
Bundesrain 20
3003 Berne

10 Jahre BGS
La SSP a 10 ans

Die Bodenkundliche Gesellschaft der Schweiz stellt sich vor.

La Société Suisse de Pédologie se présente.

Zur Bodenkundlichen Gesellschaft der Schweiz (BGS) gehören heute (1985) rund 170 Naturwissenschaftler und Praktiker, welche sich mit dem Boden befassen: Agronomen und Förster, Biologen, Kulturtechniker, Geographen, Geologen, Chemiker, Physiker.
Die BGS

- fördert den Kontakt zwischen bodenkundlich interessierten Personen,
- informiert über aktuelle Bodenprobleme und sorgt für die Verbreitung bodenkundlicher Erkenntnisse.

Zu diesem Zweck werden Fachtagungen, Exkursionen und Ausstellungen organisiert und Publikationen herausgegeben.

La Société Suisse de Pédologie (SSP) rassemble aujourd'hui (1985) quelque 170 chercheurs et praticiens concernés par les problèmes du sol: agronomes, forestiers, biologistes, ingénieurs ruraux, géographes, géologues, chimistes, physiciens.
La SSP

- *encourage les contacts entre des personnes intéressées par la pédologie,*
- *informe sur les problèmes actuels des sols et veille à la diffusion des connaissances pédologiques.*

Elle organise pour cela des séances spécialisées, des excursions, des expositions et édite des publications.

In mehreren Arbeitsgruppen werden Themen von allgemeinem Interesse studiert: Schutz unserer Böden, Wasserhaushalt und Stofftransport im Boden, Lebewesen im Boden, Beziehungen zwischen Boden und Pflanzen.
Die BGS setzt sich aktiv für den Schutz unserer Böden ein. 1984 wurde in Zusammenarbeit mit dem Kanton Aargau das BGS-Dokument Nr. 1 «Kiesabbau und Landwirtschaft» herausgegeben. Dieses Dokument enthält Hinweise, wie Kiesabbaustätten durch fachgerechte Rekultivierung wieder der Landwirtschaft zugeführt werden können.
Das BGS-Dokument Nr. 2 «Beurteilung und Schutz der Böden» (1985) befasst sich mit dem Schutz und der Erhaltung unseres wertvollsten Kulturlandes.

Des sujets d'intérêt général sont étudiés par plusieurs groupes de travail: protection des sols, hydrologie et déplacement de matière dans le sol, la vie dans le sol, relations entre les plantes et le sol.
La SSP s'engage activement en faveur de la protection des sols. En 1984 a été publié de conserve avec le canton d'Argovie le document SSP no 1 «Exploitation du gravier et agriculture». Il contient des indications sur la remise en culture appropriée des gravières.
Le document SSP no 2 «Estimation et protection des sols» (1985) traite de la protection des meilleures terres agricoles.

Bildnachweis/*Illustrations*

	Seite/*page*
K. Barmettler, Zug	16
M. Bieri, Institut für Phytomedizin, ETH Zürich	32
Brauns, 1968: Praktische Bodenbiologie. Fischer, Stuttgart	28
G. Cuendet, Inst. du Génie de l'Environnement, EPF Lausanne	32
EAFV Birmensdorf	10, 74
FAT Tänikon	10
FAW Wädenswil	42
H. Flühler, Bodenphysik, IWHF, ETH Zürich	72, 73
E. Frei, FAP Zürich-Reckenholz	82
Geographisches Institut, Uni Basel	50
D. Gindrat, RAC Changins, Nyon	40
S. Gupta, FAC Liebefeld-Bern	68, 76
Ch. Gysi, FAW Wädenswil	42, 46
J. Hättenschwiler, FAC Liebefeld-Bern	70
Hergert Photo, Aarau	60
M. Hirner, FAP Zürich-Reckenholz	Titelbild, 38, 40, 82
U. Künsch, FAW Wädenswil	46
H. P. Läser, Bodenphysik, IWHF, ETH Zürich	72, 73
H. Leuzinger, Rheinfelden	56, 78, 80
A. Maillard, RAC Changins, Nyon	38
W. Matthey, Institut de Zoologie, Uni Neuchâtel	30
Th. Mosimann, Geographisches Institut, Uni Basel	52, 53
M. Müller, FAP Zürich-Reckenholz	10, 18, 20, 22, 38
Nebelspalter	62, 64
J.-A. Neyroud, RAC Changins, Nyon	38, 40
P. Perret, FAW Wädenswil	42, 48
K. Peyer, FAP Zürich-Reckenholz	82
Photoswissair, Zürich	56
E. Plüss, E. Bühler, FAP Zürich-Reckenholz	24, 28, 40, 54, 58, 60, 82
REM-Labor, Uni Basel	26
J.-P. Ryser, RAC Changins, Nyon	40
Ch. Salm, Abt. Landwirtschaft, Finanzdep. Kt. Aargau	56, 60
Sand AG, Neuheim	14
D. Schaub, Geographisches Institut, Uni Basel	51
P. Scherrer, EAFV Birmensdorf	22, 32, 34, 36, 66
J. J. Schwarz, RAC Changins, Nyon	42
Schweizerische Gemüseunion, Zürich	46
W. Seiler, Geographisches Institut, Uni Basel	50, 51
E. Stettler, Bundesamt für Landwirtschaft, Bern	66, 68, 70, 76
H. Sticher, Laboratorium für Bodenkunde, ILW, ETH Zürich	12, 14, 16, 82
P. Sticher, Zug	12, 16
R. Wieland, FAW Wädenswil	44
J. Zettel, Zoologisches Institut, Uni Bern	26, 28
U. Zihlmann, FAP Zürich-Reckenholz	38